# 日独
# 自動車工業
# 経営史

稲垣慶成
INAGAKI Yoshinari

ふくろう出版

## まえがき

本書は題して『日独自動車工業経営史』という。研究の重点は，日本とドイツの自動車工業の歴史的発展の推進力となった「経営的」諸要因を明らかにすることにあるが，内容を見れば分かるように，両国の「自動車工業経営」についての通史ではない。その理由は，本書に収められている諸論文が書かれた時期も，そのテーマも，その時の筆者の関心もそれぞれ異なっているからである。しかし，こうして一書にまとめてみると，各時代の自動車企業の生き残りをかけた経営努力の検証という意図が，どの論文にもおのずから表れていて，それがこの自動車工業経営史のライトモチーフとなっていることを筆者自身感じるのである。

なお，本書の出版に際して岐阜協立大学の2020年度研究著書出版助成を受けた。関係各位に深甚の謝意を表する。

2020年９月

稲 垣 慶 成

# 日独自動車工業経営史

目　　次

# 第１部　ドイツ自動車工業経営史

# 第1章　生成期のドイツ自動車市場

## I　はじめに

一般には，19世紀末における，ゴットリープ・ダイムラー（Gottlieb Daimler）とヴィルヘルム・マイバッハ（Wilhelm Maybach）による4サイクル・ガソリン・エンジン（Viertakt-Benzinmotor）の開発とその路上走行車への搭載が，現代自動車文明の淵源の一つと認められている[1)]。たしかに，かれらによって，このいわゆるダイムラー・エンジンが開発されなければ，ガソリン自動車の出現自体かなり遅れたことであろうし，ガソリン・エンジンが自動車の動力源として，内燃機関に代わる別の機関——例えば，電気機関や外燃機関の一種である蒸気機関など——よりもはるかに優れていることが，史上初の自動車レースで劇的に証明される機会もなかったであろう[2)]。

自動車用機関は，なによりも小型軽量であると同時に，高速回転でなければならない。ダイムラーとマイバッハのオットー式（4サイクル）ガソリン・エンジンは，まさにこの要求を満たすものであった。

ところが，この新型内燃機関（ダイムラー・エンジン）が，当初から自動車という製品の1部品として開発されたものかというと，決してそうではない。それは歴史的観点に立って見れば，たしかに自動車という製品の前過程製品（Vorprodukt）として位置づけられる[3)]。しかし，本稿の研究対象となる創業期（1890年～1900年）のダイムラー社（Daimler-Motoren-Gesellschaft——以下DMG社と略記）においては，エンジンそのものの生産・販売が中心であって，自動車はダイムラー汎用エンジンの用途（商品）の一つにすぎなかったのである。

つまり，問題となるのは，今日の自動車の原形がダイムラーとマイバッハとによって開発されたガソリン・エンジン車あるいはベンツの特許自動車であることに議論の余地はないとしても，自動車の生産・販売に専業化した企業，換言すれば，エンジンを自動車部品として内製はするけれども，その主力販売製品はあくまで自動車である企業――すなわち「自動車企業」が誕生したのはいつの時期かという点である。この「自動車企業」には，エンジンを内製しないアセンブラーをも当然含めるべきであろう。アセンブラーとしての自動車企業の出現は，なによりも自動車市場の成立を前提とするものだからである[4)]。例えば，1889年以降，シャーシもエンジン（エンジンはダイムラー社製であった）も内製せず，ガソリン・エンジン車の組立だけを開始したフランスのプジョー社の経営は，当時欧州最大の自動車市場をかかえるフランスでなければ到底成り立たなかった[5)]。

DMG社もベンツ社（Benz & Co. OHG, 1899年にBenz & Cie AGに改組）もともにエンジン・メーカーとして出発した。当時エンジン市場はすでに成立していたからである。したがって，両社の主力製品は，いうまでもなく機械の動力源としてのエンジンであった。しかし，ドイツ国内のエンジン市場は後述のGMD社（Gasmotorenfabrik Deutz AG）の独占状態にあった。ダイムラー自身この会社から飛び出して独立した人である。オットー・４サイクル・エンジンもこの会社で開発された。

DMG社やベンツ社は，エンジン業界のトップメーカーではなかったからこそ，エンジンの用途の一つにすぎなかった自動車の生産に踏み切ることができたともいえるのである。

ちなみに，GMD社が自動車生産を開始するのは1907年のことであり，すでに1900年頃までにドイツ国内に32社の自動車メーカー（但し，自動車専業メーカーは１社もない）が存在していたことを考えると[6)]，オットー・エンジンの特許権を所有する業界第１位のGMD社の，自動車市場への参入がいかに遅かったかが分かるであろう。逆にいえば，そのときまでGMD社が参入を躊躇したほど，当時の自動車事業は投資対象として高リスクを伴うものであったし，潜在購買層も軍関係や一部の富裕層に限られていたのである。

本稿の課題は，創業期のDMG社に見られる，出資者主導型の製品政策，すなわち「売れるものだけを優先的に作る」政策が，何を契機に，またいかにして，自動車という当時その市場性の有無さえ定かでなかった製品の生産に移行していくことになったかを明らかにすることである。DMG 社において自動車中心の製品政策が確立されたとき（それは自動車の製品コンセプトの確立とその技術的な具体化・実用化，さらには自動車の生産体制の確立までをも含む），現代自動車文明の礎石の一つとなった自動車企業が誕生したのである。

ただ，自動車企業の発端を，特定企業の製品政策に見出そうとするならば，むしろ DMG 社よりはベンツ社を取り上げる方が適切ではないかという指摘もあると思われる。たしかに，カール・ベンツ（Karl Benz）は汎用小型内燃機関の開発を目指していたダイムラーとは異なり，当初から輸送機械への搭載に適した内燃機関の開発に取り組んだ。

かれは，その回想録のなかで，ドライジーネ（Draisine）と呼ばれる一種の自転車との決定的な出会いについて語っている[7)]。ベンツは，このドライジーネという鈍重な乗り物を見て，これを内燃機関の動力で動かすというアイディアにとりつかれることになるのである。発明家・企業者としてのダイムラーとベンツの比較論は興味深い問題であるが，さしあたってここで指摘しておきたいことは次の点である。

ベンツが自動車の製品コンセプトの確立に大きく貢献したことは事実であり，少なくとも1900年の時点までは自動車生産の実績でもダイムラー社をしのいでいたといえる[8)]。しかし，自動車市場の形成という点から見ると，市場形成の核となったのは，やはりダイムラー社であったといわなければならない。技術的にも，ダイムラー・エンジンの特許があって，ベンツ社より優位に立っていたことは明らかであるし，マイバッハによってフェニックス・エンジンが開発されると，この格差は決定的となった。もちろん，ここで重要なのは，自動車の普及・市場形成という観点である。

必ずしも自動車に限ったことではないが，革新的製品の普及は，いわゆる創造的破壊の過程であるから，既成の秩序からの圧力や抵抗に妨げられることはやむを得ない。ことに自動車の場合は，その関連産業の多様さ，普及に伴う影響範囲の広さなどに比例して，このような圧力や抵抗も前例のないほど大きかった。ベンツの自伝には，そのような苦労話が随所に語られている。

ドイツでは，プロイセンによるドイツ統一（1871年）が成ってから，帝国鉄道を幹線とする遠距離交通網が急速に確立しつつあり，大量輸送と遠距離輸送は鉄道あるいは内陸水路，近距離輸送は馬車という分業体制もすでに出来上っていた。ドイツにおける鉄道優位は，すでに19世紀中に確立され，この状況は20世紀になっても変らなかった[9)]。

ベンツ自身が自伝に書いているように，ドイツでは自動車が普及するためのインフラの整備があまりにも遅れていた。また，路上を走行する自動車が牛や馬などの役畜に恐怖を与えるので，附近の村民が村を通過する自動車に砕石を投げたり，自動車追放の集会を開いたりすることもあった。

ベンツが貨物自動車（Lastkraftwagen）を最初に発売したときにも，ほとんど反響がなかった。ベンツの貨物自動車にはすでに明確な製品コンセプトがあった。販売のターゲットは卸売業者であった。卸売業者にとって，港から業者の倉庫へ大量の物資を低コストで効率的に輸送することは，重要な課題となっていたからである。しかし意外にも反響がなかったのは，卸売業者が荷馬車業者のボイコットを恐れていたからであった[10)]。

さらに，石油会社でさえもが，ガソリン自動車を信頼できる輸送手段とは見ていなかった。なぜなら，石油会社はランプ用の石油を小売店に配達するさいに，相変らず荷馬車を利用していたからである。

これに類する話は枚挙に暇がないほどあるが，事情は他の欧州諸国でもほとんど変りない。ことにイギリスにおいて自動車の普及に対する厳しい規制や圧力があったことはよく知られている[11)]。

このような悪条件と，世紀の変り目頃にようやく激しくなった自動車メーカー同士の競争のなかで，ベンツ社はついに行き詰ってしまい，自動車生産における初期の指導的地位を失ったが，DMG社はその後もエンジンと自動車との複線的生産（Zweigleisigkeit der Produktionstätigkeit）を展開しつつ，自動車市場開拓の一翼を担い続けた。

なぜ両社にこの差が生じたかについては，本稿のもう一つの論点となるので，ここではこれ以上立ち入って検討しないが，いずれにしても，ダイムラー社に自動車企業の誕生を見る本稿の立場は，同社がガソリン・エンジン開発の先端に立っていたばかりでなく，初期の自動車市場の形成においても終始，中核的役割を果たしていたことに基づくものである。

## Ⅱ　ダイムラー社（DMG）設立前史

### 1．内燃機関の実用化

ダイムラーやベンツが内燃機関の開発に取り組んでいた1880年代以前に，自動車はすでに存在しており，実用化の段階に達していた。それは，いうまでもなく蒸気自動車である。

蒸気自動車は，1760年代にフランスの発明家キュニョ（Nicolas Joseph Cugnot）が開発した大砲運搬用の蒸気貨物車以来，主としてフランスを中心に発展を遂げることになったが，蒸気自動車のもう一つの故郷ともいえるイギリスにおいては，1850年代末に議会が「蒸気自動車法」（Locomotive on Highway-Act）その他の法的規制により鉄道の利益を保護したために，フランスにおけるような発展は見なかった[12]。

1873年，フランスのアメデ・ボレ（Amédée Bollée）が，蒸気バスの開発によって特許権を取得し，事業化にも成功した。ドイツでは，1880年，このボレの資本参加のもとに，資本金30万マルクで蒸気自動車会社がベルリンに設立されたが，時の陸軍元帥モルトケ（v. Moltke）が，ボレの蒸気自動車によるドイツ陸軍砲兵隊のモータリゼーションを企図していたことが明らかになると，ボレはフランス国内の不評を買い，ベルリンの会社も設立後わずか４年で解散した。

一方，内燃機関を駆動力とする自動車の登場は，もちろんダイムラーおよびベンツ以後のことになるが，内燃機関の実用化に大きく貢献したのは，フランスの技術者ルノワール（Jean Joseph Lenoir）である。かれが開発した内燃機関は，主として印刷機械の動力源として使われ，広く普及したが，ここで重要な点は，かれの実用内燃機関がオットー・エンジンの開発に直接つながっていくということである。

## 2．オットーとランゲン

1860年，オットー（Nicolaus August Otto）は，ルノワールによって開発された２サイクル内燃機関の存在を知った。このときすでに，蒸気機関は，鉄道や大企業の工場で利用されていたが，当時の実用蒸気機関はいずれも大型で，相当な重量があったから，工場空間に余裕のない小規模企業にとって適当な動力装置とはいえなかった。オットー兄弟（弟は，Wilhelm Otto）は，このような小規模企業用の動力源として，ルノワール型内燃機関に着目したのであって，かれらの発明活動は，当初からビジネス・チャンスを狙ったものであった[13)]。

ルノワール・エンジンはガス・エンジンであり，しかもすでに火花点火方式を採用していた。オットー兄弟の仕事の出発点はこのルノワール・エンジンの改良であり，燃料もガスではなく液体燃料を使用することにあった。かれらは３年後の1863年に改良に成功し，プロイセン特許庁に特許を出願したが，却下された。この理由は当時の特許制度をめぐる複雑な事情にあったが，特許制度の問題は項を改めて論じることにしたい。

特許出願が却下された時点で，弟のヴィルヘルムは発明活動から手を引いたけれども，兄の方は国外で特許出願を試み，ヘッセン，オーストリア，フランス，ベルギーなどで特許を得た。

オットーの発明家としての著しい特徴は，目標達成までの驚くべき忍耐力，すなわち貫徹力にあるが，特許権に対する異常なほどの執着もその特徴の一つに挙げてもよいであろう。この点は，かれの長所ともなり短所ともなった。

オットーは，特許出願に奔走した同じ年（1863年）に，かれの生涯にわたる共同事業者となったオイゲン・ランゲン（Eugen Langen）と出会うことになる。オットーは元行商人で独学の技術者であったが，ランゲンは専門的な技術教育を受けた人であり，ケルンの資産家でもあった。この時点で，発明家は良き理解者と同時に有力な出資者をも得たのであった。

オットーとランゲンは，1863年，共同でオットー社（N.A.Otto & Cie）を設立した。オットーは，試作内燃機関などを現物出資し，ランゲンは１万ターラー出資した。両者は1865年，液体燃料機関ではなくガス・エンジンによってではあるが，遂にプロイセンで特許を取得した。

ホラースは，オットーを手工業者企業家（Handwerker-Unternehmer）と呼び，ランゲンを技術者企業家（Techniker-Unternehmer）と特徴づけているが，企業家として優れていたのはランゲンの方であった。かれはオットーの発明家としての技術的意図を，ビジネスの観点から慎重に評価することができた。かれは，かのヴェルナー・ジーメンス（Werner von Siemens）とともにマンネスマン鋼管・圧延工場（Mannesmannröhren-Walzwerke）の創立者の１人であり，ドイツ技師協会（Verein Deutscher Ingenieure）や特許保護連盟（Patentschutzverein）の創設者の１人でもある[14)]。有能な技術者と技術に関心をもつ資本家とが共同で事業を起こすことは，当時でも珍らしいことではないが，ランゲンとオットーとの関係は，後述のダイムラーとマックス・ドゥッテンホーファー（Max von Duttenhofer）との関係に比べて，より協力的であったように思われる。

オットーの新型ガス・エンジンは，1867年のパリ万国博覧会でガス消費量の経済性の高さが評価され，グランプリを獲得したが，オットーの目標は，あくまで汎用小型内燃機関を開発することにあった。オットーのガス・エンジンの性能は良かったが，依然として３～４ｍの高さを必要とする大型のもので，小工場では設置場所を確保することが難しく，そのままでは商業的成功を得る見込はなかった。

ランゲンは1867年末までに，すでに３万２千ターラー投資していたが，オットーの開発実験はなお多額の資金を必要とした。その後ローゼン＝ルンゲ（Roosen-Runge）らの資本参加があり，オットー・エンジンの販売も月平均21～24台と安定するようになるが，この頃オットーは，オットー・エンジンを路上輸送機関に利用する実用新案をまとめて，書類をプロイセン特許庁へ提出している。1871年のことであった[15)]。

1872年１月，ファイファー兄弟（Die Brüder Emil und Valentin Pfeifer）

の10万ターラーに及ぶ資本参加とともに，オットー社の改組がおこなわれ，社名もドイツ・ガス機関工場株式会社（Gasmotorenfabrik Deutz AG，前述）に変更されて，社名からオットーの名前が消えた。ファイファー兄弟は，大手製糖会社の経営者で，ランゲンもこの会社の経営に参画していた関係からオットー社への出資がおこなわれたと推測されるが，GMD 社が株式会社として設立されている点にも留意すべきである。

これは，巨額な資本調達に有利な形態をとることを目的としたものであるが，1872年という年は，ちょうどドイツでは会社設立ブームの年（Gründerjahre）に当っており，幾多の泡沫会社が生まれ，消えていった[16]。GMD 社もそうした泡沫会社の危うさから決して無縁な存在ではなかった。会社設立ブームは，直接には商法改正により，従来の免許主義に基づく会社設立の手続が，準則主義に変更されて簡略化されたから起こったのであるが，それはまた，新生ドイツ帝国における重工業化の進展に伴って，手工業的生産から，巨額の資本を必要とする機械制工場生産への移行が本格化したことの現われでもあった。いずれにしても，オットーのような手工業者企業家の活躍の場は次第に失われていくことになる。

機械制工場生産への移行によってGMD 社の生産能力は増大したが，オットーの会社持分はいまや５％にすぎなくなった。この時期にGMD 社に２人の技術者が入社した。ダイムラーとマイバッハである。ダイムラーは設立後まもないGMD 社の技術取締役に就任し，マイバッハは設計事務所長となった。ダイムラーは入社に際して，ヴュルテンベルクから優れた手工技術をもつ数名の職人を伴ってきており，GMD社内に独自の勢力を築きつつあった。

改組後，営業取締役に就任していたオットーは，ダイムラーと事あるごとに衝突した。オットーは前述のように独学でたたき上げた人であったが，ダイムラーは1857年から59年までシュトゥトガルトの高等工業学校で基礎的な技術教育を受けている。オットーは，「シュヴァーベンの石頭（Dickschändel）」[17] といわれたダイムラーの権威主義的な強引さに対して不満を募らせたが，結局両者の対立は，後にダイムラーがGMD 社を退社するまで続くのである。

## 3．オットー・4サイクル・エンジンの開発

この間，オットー・ガス・エンジンの売上げは順調に伸びていたが，ウィーンの株価暴落に端を発する1873年の大不況（Grosse Depression）によって，会社設立・投機ブームも終息し，1874年～1875年には，ガス・エンジンの販売も低迷した。それまで月平均80台で推移していたガス・エンジンの販売台数が，74年以降はほぼ半減した。

大不況の影響以外に，売上げが急激に減少したもう一つの原因として，オットー・ガス・エンジンの性能に対するユーザー（その多くは工場経営者）側の要求水準がますます高くなって，ガス・エンジンの性能がこの要求水準に追いつけなくなったことが挙げられる[18]。もちろん，その背景には，高性能の動力装置を必要とする急速な機械制生産の進展があった。すでにGMD社の競合会社では，ユーザーの要求に応えて，熱空気エンジン（Heißluftmotor）が開発されていたが，これはオットー・ガス・エンジンの最高出力３馬力を上回る，８馬力の性能をもっていた。しかし，熱空気エンジンの欠点は，燃料消費量が大きいことであった。

1876年５月に，オットー新型ガス・エンジンが登場した。すなわち，４サイクル・ガス・エンジンである。この４サイクル・ガス・エンジンこそ，ニコラウス・オットーの名を不朽にした画期的発明であった。

オットーの４サイクル・エンジンが，いかに画期的な製品であったかを理解するためには，当時の他の汎用エンジンとその性能を比較してみればよい。旧型オットー・エンジンの場合，上述のように最高３馬力の性能しかなく，それに対抗する熱空気エンジンでさえ最高８馬力の性能である。ところが，新型オットー・エンジンは一挙にその性能を80馬力ないし100馬力まで上げ，しかもガス燃料の消費量は旧型オットー・エンジンとほぼ同じであった。新型オットー・エンジンが発売されるとまもなく，旧型エンジンが生産中止となったのも当然である（図１-１-１参照）。

さて，これほどの画期的製品ではあったが，プロイセンで特許を取得することは相変らず困難であったから，GMD社はエルザス・ロートリンゲン（Elsaß / Lothringen，アルザス・ロレーヌ）州で特許出願をした。しかし，

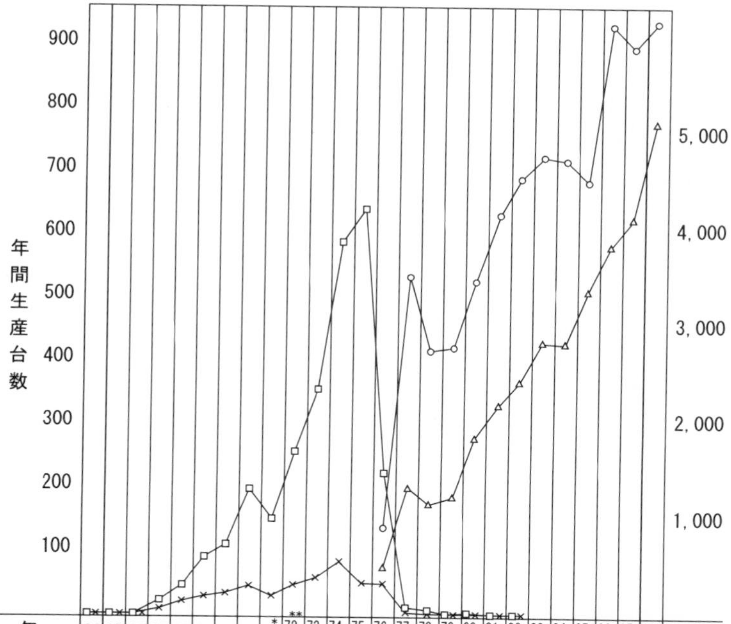

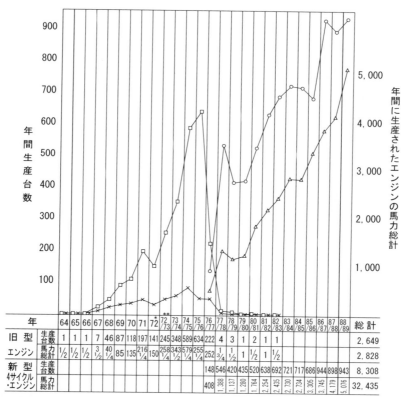

| 年 | | 64 | 65 | 66 | 67 | 68 | 69 | 70 | 71 | 72* | 72/73** | 73/74 | 74/75 | 75/76 | 76/77 | 77/78 | 78/79 | 79/80 | 80/81 | 81/82 | 82/83 | 83/84 | 84/85 | 85/86 | 86/87 | 87/88 | 88/89 | 総計 |
|---|---|---|---|---|---|---|---|---|---|---|---|---|---|---|---|---|---|---|---|---|---|---|---|---|---|---|---|---|
| 旧型エンジン | 生産台数 | 1 | 1 | 1 | 7 | 46 | 87 | 118 | 197 | 141 | 245 | 348 | 589 | 634 | 222 | 4 | 3 | 1 | 2 | 1 | 1 | | | | | | | 2, 649 |
| | 馬力総計 | ½ | ½ | ½ | 3 ½ | 40 ¼ | 85 | 135 | 216 ¼ | 150 | 258 ¼ | 343 ½ | 579 ¼ | 255 ¼ | 252 | 1 ¾ | 1 ½ | 1 | ½ | 1 | ½ | | | | | | | 2, 828 |
| 新型4サイクル・エンジン | 生産台数 | | | | | | | | | | | | | | 148 | 546 | 420 | 435 | 520 | 638 | 692 | 721 | 717 | 686 | 944 | 898 | 943 | 8, 308 |
| | 馬力総計 | | | | | | | | | | | | | | 408 | 1, 388 | 1, 137 | 1, 280 | 1, 764 | 2, 254 | 2, 435 | 2, 730 | 2, 734 | 3, 305 | 3, 745 | 4, 179 | 5, 076 | 32, 435 |

注）＊＝1月-7月　＊＊＝8月-6月（以下，同年7月-12月/翌年1月-6月）

旧型エンジン｛年間生産台数 —□—□—
　　　　　　　その馬力総計 —×—×—

新型4サイクル・エンジン｛年間生産台数 —○—○—
　　　　　　　　　　　　　その馬力総数 —△—△—

図1-1-1　GMD社のエンジン生産実績の推移（1864年～1889年）

資料：G. Horras, Die Entwicklung des deutschen Automobilmarktes bis 1914, München 1982, S.31. 但し，原図を一部修正した。

それから１年足らずのうちに，1877年，ドイツ帝国で特許法が成立したので，エルザス・ロートリンゲンで取得した特許が国全体にも適用されることになったのである。

実はこの特許出願をめぐって，GMD 社内部では深刻な対立が惹起した。対立の発端は，オットーが４サイクル・エンジンの特許権取得のさいに，かれの個人名で特許出願することを要求したことにある[19]。その結果，オットーのアイディアを技術的に実現する上で少なからず貢献したダイムラーとの間に激しい衝突が起きた。そのため，結局オットーの発明はかれの個人名では特許出願されず，会社名で出願がなされたのである。オットーはこれを深く遺恨に思い，ダイムラーとの対立は決定的となった。

これに対して，ダイムラーは「石頭」といわれるほど頑固なところがあったが，このときはオットーと違って要領よく行動している。というのは，GMD 社内で特許出願問題がまだ決着を見ない間に，かれはドイツ国外で，しかもかれの個人名で４サイクル・エンジンの特許をさっさと取得していたからである。オットーがダイムラーに対して敵意を抱いたとしても，やむを得ないことであった。しかし，ダイムラーが国外で取得したこの特許が，後年 DMG 社において自動車生産への道を開くことになるのである。

## ４．特許制度の影響

ここで，オットーとダイムラーとの決定的対立の原因となったドイツの特許制度について，説明を補足しておく必要があろう。実際，特許制度は４サイクル・エンジンの開発競争に計り知れない影響を与えた。創業期のダイムラー社がたびたび倒産の危機に見舞われながら，倒産にまで至らなかった最大の理由は，ダイムラーの特許使用料収入があったからであり，そういう意味でも特許制度は，自動車企業の誕生に少なからず寄与しているといえよう。

ドイツの特許制度の歴史をたどって，われわれがまず意外に思うのは，全国レベルの特許法の成立が，ドイツ統一後約６年を経過した1877年のことであったという点である[20]。旧型オットー・エンジンの場合，すでにプロイセンによるドイツ統一以前に，国外で特許出願がおこなわれたことは既述のとおりである。また統一後においても，ミュンヘンの時計工クリスチャン・ライトマン（Christian Reithmann）が，新型オットー・エンジンよりも早く，工場用の据付型発動機として４サイクル・エンジンの試作を完成していたといわれるが，ドイツ国内に統一的な特許制度がなかったために，帝国特許法成立後，GMD 社はライトマンから訴訟を起こされている。

何故，もっと早く統一特許法が成立しなかったのか。やはり，その最大の理由は，当時のドイツに特許法反対の風潮が根強くあったことに求められるであろう。「それまでのドイツでは特許保護制度が不備なため，英米の先進技術を違法に模倣したり導入したりすることが可能」[21]であり，ことにプロイセンの大工業企業家は，「このような特許後進国の恩恵を享受してきた」[21]のである。したがって，プロイセン政府自体も「特許保護の政策的効用を疑問」[21]としていた。統一後も，特許保護の立法化に対する政府の消極的態度に変化はなく，このことが帝国特許法の成立を遅らせたことは明らかである。

しかし，70年代に入って独占形成期を迎えつつあったドイツの大工業企業家の側に，大きな変化があった。かれらは従来の立場を変えて，近代的特許法の制定を要求する運動を起こし，これが特許保護の立法化の推進力となった。この運動の中心人物が，かのヴェルナー・ジーメンスであり，かれがランゲンとともに「ドイツ特許保護連盟」を結成したことは，前述のとおりである。1874年のことであった。77年の帝国特許法は，同連盟が76年に議会に提出した「特許法草案」を土台にしており，それゆえ「ジーメンス憲章」[22]とも呼ばれるのである。したがって，帝国特許法の基本的性格が，発明家の権利の保護よりは，むしろ企業家の利益を優先するものとなったことは否めないが[23]，その点を強調するあまり，帝国特許法制定の経緯にきわめて合理的・積極的側面があったことを忘れてはならない。

ホラースによれば，帝国特許法の成立によって，ドイツ国内の発明活動が促進されたことは明白である。その効果は，年間特許出願件数に顕著に現われている。1878年には，６千件の特許出願があり，以後年々増加して1894年には年間１万５千件に達している。もっとも，出願件数の増加に対して，特許権の取得率，すなわち特許登録件数の割合が相対的に減少するのは当然であり，1878年では出願全体の70％が特許を受けたが，1894年の時点では特許取得率40％となっている[24]。

しかも，内燃機関開発史においては，この時期の発明の主体は企業内の集団的・組織的な「経営発明」[25]ではなく，泡沫会社すなわち当時のベンチャー・ビジネスの創業者らによる発明であって，産業分野によって事情が異なるとはいえ，帝国特許法の成立を，大企業による独占形成の準備段階と見るのは，その後の歴史的展開を知る者の，あまりに一面的な見方ではあるまいか。

今日，法的な立場からは，特許制度の眼目は，発明の保護と利用を図ることによって産業の発達に資することにある，といわれる[26]。ところで，この保護と利用とは一体となっているものであって，特許出願に伴って出願公開が義務づけられている。これは，特許が認められた発明技術（情報）の内容を公開することによって，先行発明技術に対する無知ゆえに生じる無駄な重複的開発競争を排除し，技術開発の効率化を促進するためである。

当時，後発工業国ドイツにとって，技術開発の効率的促進はまさしく焦眉の課題であり，帝国特許法の成立がこの課題の達成に積極的効果をもたらしたことは，先の特許出願件数の増加にも現われている。帝国特許法の成立は，ドイツ工業の後進性に対する企業家の自覚を抜きにしてはありえなかったであろう。

1876年，フィラデルフィアで世界博覧会が開催され，多数のドイツ企業がこれに参加したが，その結果，ドイツ諸企業のトップは，アメリカの先進技術との大きな落差に衝撃を受けて帰国することになった。当時ドイツで生産される工業製品は，のちに世界市場で確立する「メイド・イン・ジャーマニー」の名声など予想だにできないような，「安かろう悪かろう」（billig und schlecht）という評価に甘んじていたのである[27]。しかし，ドイツ大工業企業のトップが，アメリカとの技術格差を海外で実感して帰国したことは，帝国特許法の成立にとって幸いであった。つまり，かれらは，この技術格差の原因が，ドイツ工業界に技術開発費の自己負担を促す刺激が欠けていること，すなわちベンチャー精神の欠如にあると考えたのであった[28]。泡沫会社の創業者たちの発明活動――初期の内燃機関開発を支えたのは，このような発明活動にほかならない。フィラデルフィア世界博覧会開催の翌年の1877年に，ドイツ帝国議会において特許法が可決成立したことは既述のとおりである。

帝国特許法の成立によって，銀行資本にとっても魅力ある投資環境が，とくにドイツの都市部に形成されつつあった。すでに会社設立ブームは去っていたが，かわりに発明ブーム（Inventionsfreudigkeit）がはじまったからである。さらに，19世紀後半に起こった，エルベ以東の農業地域からベルリンやルール地方への，大量の人口移動現象（Migrationsbewegung）が都市人口の急激な増加をもたらし，商工業部門の就業者数は1882年から1907年までにドイツ全体で2.5倍に増大した[29]。当時すでに「営業の自由」が認められていたことも指摘しておかなければならない。発明によって一旗揚げようとする技術者企業家にとって，資本と熟練労働者とを得る条件は整っていたのである。

また，このようなベンチャー・ビジネスの簇生が，旧来の硬直的なツンフト体制を崩壊させる契機ともなったのであった。ダイムラーやベンツは，まさにこのような時期に，独立独歩の企業家として会社を設立したのである。

しかし，帝国特許法が特許権の商業的利用を大前提とする以上，技術者と資本家の対立の構図を内包するものであったことは否定しえない。その一例として，特許料に関する規定を挙げることができる。特許権（所有）者は，特許権を維持するために毎年，特許料を納付しなければならない。当時の特許法の規定によれば，この特許料は初年度30マルク，次年度50マルク，それ以降は毎年50マルクずつ引上げられ，特許権の期限が到来する15年目には700マルクの特許料を納付しなければならなかった。このような特許料の段階的納付の規定は，特許に値すると認められた発明技術であっても，その後の商品化・事業化の過程で成果が上がらなかったものは淘汰される，という考え方に基づいていた。つまり，この規定の眼目は，採算のとれなくなった特許を少し早目にふるい落とすことにあった。特許料の滞納による脱落率は，登録後２年目から４年目の間が高かった[30]。これにより，一方では技術開発の効率化が促進されたけれども，他方では，技術開発の場が，技術者企業家のベンチャー・ビジネスから資本的基盤の安定した大企業へ移行してゆくことにもなったのである。

さて，オットーの４サイクル・ガス・エンジンは，既述のように特許法成立直前の1876年に開発され，ただちにエルザス・ロートリンゲンでGMD社名による特許出願がなされた。さらに特許法成立後，帝国特許庁からこの４サイクル・エンジンの発明に対して特許番号532号の特許権がGMD社に与えられた。オットーとダイムラーの間では，新型エンジンの商品名をオットー・エンジンとすることで一応の和解が成立した。

周知のように，今日，自動車用内燃機関のほとんどが，吸気行程―圧縮行程―膨脹行程―排気行程からなる４行程サイクル方式を採用している。４サイクル方式はオットー・サイクルと呼ばれることもあるが，自動車技術のもっとも基礎的な共有財産の一つとなっているから，通常その発明者の名前が意識されることはほとんどない。しかし，それだけに共有財産となるまでの４サイクル方式の特許は，内燃機関開発競争の大きなネックとなった。

他の内燃機関に比べて卓絶した性能をもつ新型オットー・エンジンが市場に出現した頃，当時他のすべての内燃機関製作者（ないし企業）は，GMD社から特許番号532号の特許使用権を取得する必要に迫られた。さもなければ，GMD社の４サイクル・エンジンに比べて格段に性能の劣る２サイクル・エンジンによって対抗しなければならなかったからである。そこに選択の余地はなかった[31]。

GMD社は，政策的にドイツ西部の企業には特許使用権を与えなかった。これは明らかに地域的利益の独占を狙ったものであった。プロイセンの東部地方とシュレージエン地方では，株式会社ベルリン＝アンハルト発動機製作所（Berlin-Anhaltische Maschinenbau AG）ただ１社が４サイクル・エンジンのライセンス生産の権利を取得したにすぎない。しかし，GMD社は，ドイツの近隣諸国や海外の製造企業に対してはすべてライセンス供与に応じた。なかでも自動車市場の成立と自動車企業の誕生という本稿の主題との関連では，GMD社がパリのエドゥワール・サラザン（Edouard Sarazin）社と4サイクル・エンジンの共同製作に合意したことは重要である。

ドイツ国内におけるGMD社の独占利益追求の姿勢は，当然他のメーカーの反発を招くことになる。オットーが特許による発明の法的保護に固執しすぎた点は事実に相違ないけれども，GMD社の政策決定の責任は，むしろランゲンの方にある。のちに特許532号をめぐる特許権訴訟へと発展するケルティング兄弟（Gebr. Körting）へのライセンス供与拒否を決定したのはランゲンであった。この訴訟は結局ケルティング兄弟の敗訴に終わるが，その後1886年1月30日，ドイツ最高裁判所は，4サイクル・エンジンの考案はオットー以前にすでにフランスの文献に見出されるという，いかにも御都合主義の理由から，従来とは一転して第532号特許の無効を宣告したので[32]，内燃機関の開発・実用化は，ここにようやく新たな局面を迎えることとなったのである。

いずれにしても，ケルティング訴訟から1886年の最高裁の特許無効宣告に至る経緯を通じて，内燃機関のメーカーが市場競争の副次的戦場としての特許裁判の動向に過敏な反応を示すようになったのは事実であった。

## 5．ダイムラーのGMD退社

4サイクル・エンジンはGMD社に大きな成功をもたらした。1876年の発売以来，年間生産台数は500～600台で推移したが，この新型オットー・エンジンの最大の顧客は印刷業者であって，1876年から82年の間に印刷業者向けに約1,400台が販売された。オットー・エンジンのもう一つの重要な顧客は，鉄鋼産業であった。当時ガス・エンジンの燃料として一般的であったのは石炭ガスであるが，鉄鋼産業においては石炭ガスのかわりに高炉ガス（Hochofengas）を豊富に利用することができたからである。

ところで内燃機関の燃料としてのガスの利用は，ドイツでは1910年までにガス用途全体の23％に増加したが，イギリスでは同時期わずか1.5％にすぎなかった[33]。一方，フランスでは比較的早い時期から石油燃料が注目され，

1862年には欧州最初の石油精製工場もパンタン（Pantin）に設立された。同じ頃，石油気化器も開発されている。

実は，GMD社でも石油を内燃機関の燃料として利用することに成功していたが，結局ガス一本に絞られることになった。というのは，その頃ドイツではタール染料産業と石炭のコークス化の過程から，ガスが大量かつ廉価に得られたからである。のちにダイムラーがエンジンの燃料をガスから逆にガソリンに切替えたのも，経済的理由が主であった。

前述のように，4サイクル・オットー・エンジンの大口顧客は印刷業者と鉄鋼業とであった。しかし，GMD社では，オットー・エンジンの新規用途の開拓にはほとんど無関心であったから，ましてそれを自動車の駆動力として使うことなど思いもよらなかった。かりにオットー自身に自動車への関心があったとしても，特許権訴訟問題にも見られたように，GMD社の経営方針の実質的な決定者はランゲンをはじめとする出資者であって，出資者がそのような冒険を許すはずがなかった。なぜなら，オットー・エンジンにとっては，既存のエンジン市場があって，性能さえよければ販売可能性が保証されていたが――だからこそ出資者が現われたのであったが――，自動車の場合には，当時その購買者がいるかどうかさえ見当がつかなかったからである。

オットーは，GMDの共同経営者であるといっても，その持株はわずか5％であり，同社における出資者優位は明白であった。オットーの技術的貢献の大きさに比べて，あまりにも持株が少なすぎるという印象を受ける。出資者の立場は，むろん利益優先であり，需要の見込めるものだけを作る，あるいは当時の生産形態を考えれば，注文のあるもの以外は作らないということである。オットーが，まだ新型4サイクル・エンジンの開発に成功していなかった1871年に，旧型オットー・エンジンを路上輸送車の動力源として利用する実用新案を提出したことについては前述のとおりであるが[34]，そのアイディアがGMD社で活かされることは遂になかった。GMD社で自動車生産が開始されるのは，それからほぼ40年後の1907年のことである。

もっとも，かりにオットー・エンジンをそのまま路上走行車の動力源として使うにしても，機関重量が重すぎるという難点があった。すなわち，10馬力の新型オットー・エンジンの場合，その重量は4,600kg，20馬力では6,800kg もあった。現代では，中級車種の車両総重量でも1,000〜1,500kg にすぎない。内燃機関の小型・軽量化が実現されるまでは，内燃機関は自動車の「前過程製品」というよりも，自動車とはまったく無縁な存在だったといってよい。そして，小型・軽量かつ高速回転の内燃機関を開発することこそ，ダイムラーとマイバッハの，さらにはベンツの目標となったのである。

GMD 社の大株主は，４サイクル・エンジンによってもたらされる独占的利益を享受しつつも，内部では相変らずオットーとダイムラーとの対立の解消に苦慮していた。結局かれらは，ダイムラーにロシアでの営業権を与えるかわりに，かれにロシアへ赴任することをもとめた。これは，いうまでもなくオットー寄りの解決案であった。逆に同提案は，ダイムラーにとってはGMD からの最後通告にほかならなかった。ダイムラーは，同提案を受諾する条件として，ダイムラーおよびその子孫に対してロシアでの現在および将来にわたる４サイクル・エンジンの特許権と，製造権の独占を認める旨の契約をもとめた。しかも，その契約の解除権はダイムラーの側にのみあるという，GMD の監査役会にとっては到底受け容れがたい条件であった。もちろん，ダイムラーもその点は先刻承知であって，監査役会の結論を予期した上での条件提示であった。

1882年６月30日，ダイムラーはGMD 社を退社した。かれとともにマイバッハも同社を去った。

## 6．自動車の「前過程製品」としての内燃機関

ダイムラーとマイバッハはGMD 社でほぼ10年間，内燃機関の研究開発に従事した。退社後もダイムラーはGMD 社の株主であったから，毎年その持株に対する利益配当を得ていた。ダイムラーは，退社後まもなくマイバッハとともにシュトゥトガルトのかれの別荘の裏に小工場を設立したが，この工場の運転資金は，ダイムラーがGMD 社から得る利益配当であった。ダイム

ラーは，この利益配当を1882年の退社から８年間にわたって受け取っており，その総額は30万マルクに達した[35]。

ダイムラーはGMD社時代から，オットー・エンジンの小型・軽量化が実現できれば，エンジンの用途が飛躍的に拡がることを確信していたに違いない。この点は，ダイムラーが設立することになるDMG社の製品リスト（図1-1-2参照）にはっきりと現われている[36]。したがって，オットー・エンジンの性能向上とともに，汎用小型内燃機関の開発がダイムラーとマイバッハのGMD退社後の目標となった。

菜園小屋を作業場に改装した小工場での２人の最初の仕事は，４サイクル・エンジンの点火方法の改良であった。当時，新型オットー・エンジンの回転数は毎分（毎秒ではない）80～100回転であった。しかも，その点火方式は今日のような火花点火ではなく，小さな裸火で点火する火炎点火という方法が採られていたが[37]，この点火方法では前記の回転数が能力の上限であった。

ダイムラーとマイバッハが開発した点火方法は，熱管点火（Glührohrzündung）方式といわれ，これとバルブ調整装置の改良によってエンジン回転速度を毎分600回転，のちには900回転にまで高めることに成功した。かれらは，熱管点火方式の発明によって，1883年12月に特許を受けている（特許番号第28243号）。

ダイムラーは，熱管点火の特許を受けると，ただちにGMD社在職中にかれが保有していた他の特許とともに，これらをGMD社の４サイクル・エンジンに取り入れて，両社で共同販売することを提案した。GMDをなかば追い出されるような形で退社したダイムラーが同社へ共同販売を申し出た理由は，やはり同社の第532号の特許にあった。ダイムラーの熱管点火方式は，結局のところ４サイクル・エンジンを前提とする改良技術であって，それ自体の商業的価値というものはなかったからである。しかし，GMD社はダイムラーの申し出を拒否しなかったが受け容れることもなく，はっきりした態度を示さないまま，1886年，前述のとおり第532号の特許無効宣告に至ることになる。

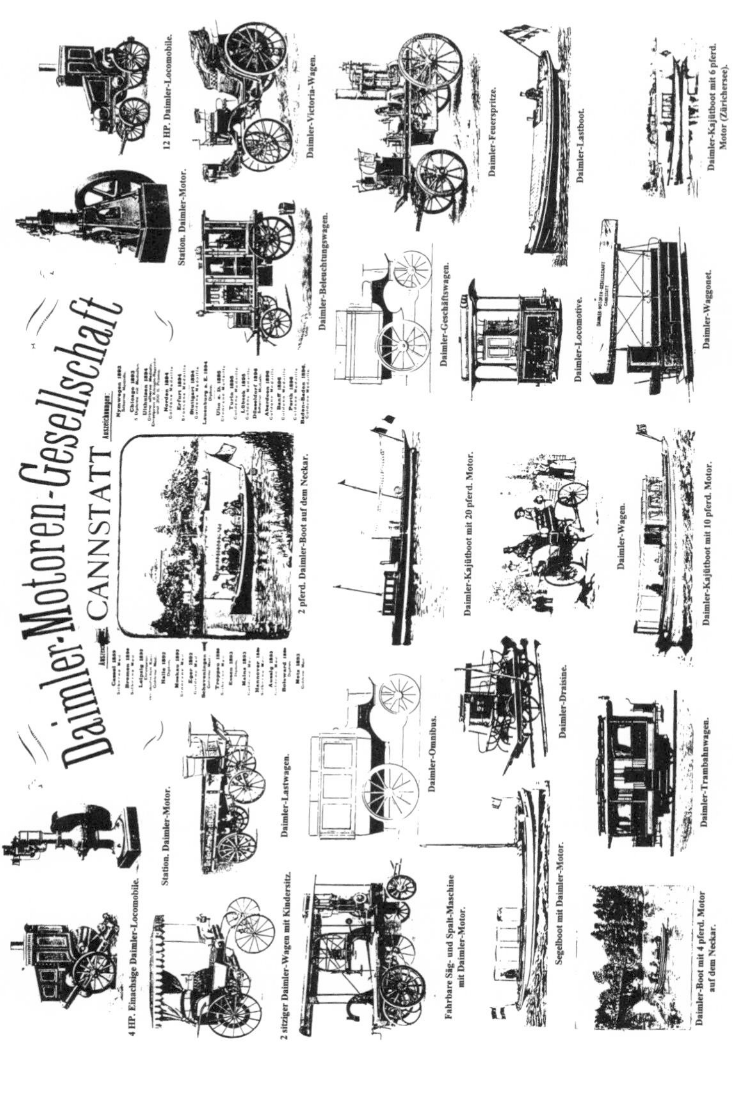


図1－1－2　DMG社の製品リスト（1896年）

資料：W. Walz, Daimler-Benz, Wo das Auto anfing, 4.Aufl., Konstanz 1986, S.52–53.

ダイムラーの熱管点火方式にはそれ固有の商業的価値がなかったといったが，それによってエンジンの回転速度が飛躍的に高まったことは，内燃機関が自動車の「前過程製品」となるための条件を克服する上で重大な意味をもっていた。

本節において，われわれは，ダイムラー社設立以前の内燃機関開発史を簡単にたどってきたのであるが，1870年代から80年代にかけて生産されていた内燃機関は，その用途を見ると必ずしも将来の自動車につながる「前過程製品」とはいえないのであって，むしろ自動車とはまったく無関係であるといってもさしつかえないのである。自動車の「前過程製品」としての内燃機関が満たすべき条件は，軽重量であると同時に小型で，しかも高速回転であることだった。

> 「このような意味における自動車の『前過程製品』としての内燃機関の開発の歴史は，ダイムラー，マイバッハ，そしてベンツの仕事とともに始まったといいうるのである。」[38)]

もちろん，これに対して，ダイムラーやベンツの貢献を過小評価するヴォルフ[39)]のような見方もある。すなわち，かれらの貢献というのは，自動車製造に至るまでの歴史における，有名無名の数多くの発明家たちの先駆的な仕事のなかから，産業として成り立ちうる果実のみを上手に摘み取ったということであって，自ら独創的な発明をしたわけではないという見方である。

たしかに発明家としての貢献ということのみに重点をおけば，このような見方にも一理あるが，シュンペーターのいわゆる「新結合（neue Kombination）」を実現するイノベーターとしての功績という観点から見ると，上記のホラースのような評価も，決して過大であるとはいえない。

また，ダイムラーの発明家としての才能をめぐってよく問題にされるのは，かれの技術協力者マイバッハとの関係である。先の熱管点火の発明も，ザースによれば[40)]，マイバッハ単独の発明であるといわれる。のちに自動車用エンジンとしての内燃機関の地位を確立することになるフェニックス・エンジンの開発も，マイバッハの天才によるものであった。自動車の技術進歩に果たした役割は，マイバッハの方が明らかに大きいのである。

しかし，単に技術者マイバッハの良き理解者というだけでなく，ときには開発目標を設定してマイバッハに課題を与え，その作業場を確保し，マイバッハには資金面の苦労をさせずに開発に専念させたのはダイムラーであった。マイバッハとダイムラーとの間には，技術的天分に恵まれた発明家と，非凡な技術者であると同時に営利的野心も十分にもっている企業家との絶妙のコンビネーションがある。GMD社の時代から，DMG社設立後1900年にダイムラーが死去するまで，かれの側にはつねに忠実な協力者マイバッハがいた。ダイムラーは高速回転エンジンの開発に成功したあと，今度は縦置き型エンジンの開発に取り組んだ。これは4サイクル・エンジンを二輪車の原動機として利用する目的があったからである。但し，この時点ではダイムラーにとって原付二輪車の開発は，4サイクル・エンジンの用途を拡げるための試みの一つであって，あくまで4サイクル・エンジンが主で，原付二輪車はその副産物にすぎなかった。

むしろ注目に値するのは，原付二輪車の実用化にあたって，原動機の燃料としてガス以外の燃料が使える4サイクル・エンジンが開発されたことである。当初はガスのかわりにガソリン（Benzin）が使用される予定であったが，結局，使用燃料は石油（Petroleum）に決まった。ドイツでも石油が石炭並みに低コストで生産されるようになり始めていたし，石油は引火の危険性がガソリンよりも小さかったからである。したがって，この二輪車の場合，「ガス機関付または石油機関付車両」[41]として特許出願がなされ，1885年に特許を受けた。

しかし，その後ダイムラーは原付二輪車での試みをさらに発展させることなく，一転して船用エンジンの開発に取り組んでいる。船用エンジンでは，速度制御のための変速装置を必要としなかったので，機関構造の簡素化が可能であった。さらに，船用エンジンの冷却には当然，水が使用されることとなったから，のちにダイムラーは船用エンジンの開発をとおして，陸上用としても水冷式エンジンを採用するに至る。1886年10月に，かれは船用エンジンの特許を取得した。かれが製品の宣伝を兼ねて帝国宰相ビスマルクに４サイクル石油エンジンを搭載した小型船艇を贈った話は有名だが，ビスマルクはこのダイムラーの贈物に何の関心をも示さず，その後も輸送手段のモータリゼーションに影響を与えることはなかった。この点，蒸気自動車による陸軍砲兵隊のモータリゼーションを企図したモルトケの場合とは異なる。いずれにしても，宣伝のためとはいえ，このような高価な製品の無償供与が，ダイムラーの小工場の経営を圧迫していった。

同じ86年に，ダイムラーは４輪車にも自分の新型エンジンを搭載している。しかし，ダイムラー・エンジンは船用動力源としては比較的好評であったが，１気筒であったため４輪車用エンジンとしては駆動力が弱すぎた。このため，かれはマイバッハと協力して，１気筒エンジンの２倍の性能をもつ２気筒Ｖ型エンジンを開発したのである[42]。

この２気筒Ｖ型エンジンは，1889年に鉄輪車（Stahlradwagen）と呼ばれる革新的な乗用車両に搭載された。鉄輪車のどこが革新的であったかというと，それまでダイムラーが開発した４輪車はすべて馬車型車であって，極言すれば，馬車の動力源が単に馬から内燃機関に代わったにすぎないものだったが，鉄輪車の場合には，最初の設計段階からシャーシ（車台）とエンジンとの一体化が企図されていたからである[43]。われわれは，鉄輪車に自動車の原形を見ることができる。

しかし，この鉄輪車は一部の専門家に注目されたものの，一向に売れなかった。もっとも，ダイムラーは，この時点で主力製品を一つに絞り込むことなど考えていなかったろう。ただ，エンジン生産だけでGMD社に対抗することは明らかに不利であったから，ダイムラー・エンジンの宣伝を兼ねて製品の多様化を模索していたと思われる。

当時のダイムラー工場の主力製品を挙げるとすれば，やはり業務用の据付型発動機であったが，ダイムラーはかれのエンジンの新規用途を開拓するために実に様々な試みをおこなっている。前述の船用エンジンの開発や，路面鉄道への利用などはその一例であるが，なかでも興味深いのは，ライプチッヒの書籍商ヴェルファート（Wölfert）からの注文で，気球の動力源としてダイムラー・エンジンが使われたことである。気球のデモンストレーション飛行は，ダイムラー・エンジンの重量の軽さを決定的にアピールしたといわれる。

ダイムラーは，２気筒Ｖ型エンジンを開発する少し前の1887年に，手狭になった菜園小屋の工場を，バート・カンシュタット（Bad Cannstadt）のゼールベルク（Seelberg）に移転している。新工場の敷地面積は3,000平米あり，相当大規模な工場の建設も可能であったが，このことからダイムラーがかなり早い時期に生産拡大を予期していたことがうかがわれる。

しかし，87年に完成した新工場では前述の２気筒Ｖ型エンジンが生まれたけれども，88年のエンジンの販売実績はわずかに７台，翌年も11台にすぎず，度重なる研究開発費の調達はもとより，製造費の回収さえ困難になりつつあった。ダイムラーは，資金調達のために株式会社の設立に踏み切る決心をした。

ダイムラーのGMD退社後の目標が，汎用小型エンジンの開発と実用化にあったことは何度も指摘したとおりであるが，その意図は結局のところオットー・４サイクル・エンジンの応用分野を拡げ，市場規模の拡大を狙う企業家的野心に基づくものといってよいであろう。もちろん，内燃機関の性能向上・小型軽量化を達成しようとする主要な動機にダイムラーの技術者としての関心があることはいうまでもないが，汎用小型エンジンの実用化の過程でダイムラーがおこなった様々な用途開拓の試みと，新製品のデモンストレーションによる宣伝活動の背後には，汎用小型エンジンの市場性を見抜いた企業家のしたたかな眼があることを見逃せない。

さらに重要なことは，ダイムラーが汎用小型エンジンの有望な用途の一つに，輸送機械へのその搭載があることにはっきりと気付いていたことである[44)]。かれは，短期間のうちにダイムラー・エンジンを，陸，水，空すべての輸送機械に搭載することを試みている。このような方針が，のちのDMG社の製品政策に影響を与えたことは間違いない。その方針は，1911年以降DMG社の商標として知られるようになる，陸水空の３領域を象徴する三股の星型エンブレム（Dreizackstern）にも現われている[45)]。

要するに，ダイムラー・エンジンという自動車の前過程製品が，ドイツ国内外の市場で受け容れられるさいに決定的だったことは，その多面性（Vielseitigkeit）であった。19世紀の70年代～80年代に据付型エンジンを生産するメーカーはドイツに数社あったが，そのエンジンに共通している点は，大型で非常に重く，しかも回転数が少ないことである。

これに対して，ダイムラーの課題は，小型で高性能のエンジンを製造することであり，それはエンジン市場でGMD社と競争するためにも絶対必要なことであった。しかも，ダイムラーは新型エンジンの競争優位性が，その応用範囲の広さ，すなわち汎用性にあることを開発段階から認識していた。ダイムラーが新型エンジンの開発に成功したあとで，その汎用性を世間にアピールするような製品政策を展開したのも当然であった。

DMG社設立後のダイムラーの製品政策も，エンジンの用途の多面性に重点をおくものであったことに変りはない。DMG社の製品リストは，先の原付二輪車から，消防ポンプ，機関車，飛行船，製材機械に及んだ。しかし，主力製品（Hauptkontingent des Absatzes）といえるのは，やはり据付用エンジンであり，その他に舶用エンジンの売上構成比率が高いことも注目すべき点である。

他方，ベンツは当初からエンジンとシャーシとの一体化に関心があった[46)]。そもそもベンツの仕事の発端が，ダイムラーのようにオットー・エンジンの改良にあったのではなく，前輪にクランク軸を付けたドライジーネと呼ばれる自転車をエンジンで動かすことにあった点は前述のとおりである。だからこそ，ベンツは，初期の自動車の製品コンセプトを確立する上で他のどのパイオニアよりも大きな貢献をなすことができたのである。

だが，1881年に設立されたベンツ社の主力販売製品は，据付用エンジンであって，この点DMG社の場合と何ら変りはない。ベンツ社が自動車メーカーとして飛躍するのは90年代に入ってからのことである。

しかし，ベンツの場合とは異なり，ダイムラーにとって製品化の対象は輸送機械ではあったかもしれないが，必ずしも路上走行車に限定されていなかった。この時代のダイムラー工場は，あくまで汎用小型エンジンのメーカーであって，ダイムラーの視野には内燃機関の市場はあっても，自動車市場はおろか，一個の独立した商品としての自動車さえ存在していたかどうか疑わしいのである。それにもかかわらず，ダイムラー汎用小型エンジンが自動車の「前過程製品」として位置づけられるのは，それが内燃機関の輸送機械への搭載の道を開くと同時に，その多面性が既存のエンジン市場から独立した或る製品市場の形成を期待させるものであったからにほかならない。

## Ⅲ　ドイツ自動車市場の成立

### 1．模倣企業の出現

以上，われわれは自動車の製品コンセプトが確立するための前提（前過程製品）としての小型内燃機関の開発史を，企業家ダイムラーの活動とDMG社を中心に辿ってきたのであるが，そこまでの過程は，自動車という製品が一般に普及し，やがて自動車市場が成立する前の段階の状態である。すでに前節の注の5）で指摘したように，ホラースは市場成立のプロセスを4段階に区分している。すなわちそれは，①発明の段階，②イノベーションの段階，③受容の段階，④普及の段階であり，④の段階に至って，市場成立の必要条件として，特定製品を専業的または兼業的に扱う製造業者と販売業者，さらにその製品の最終購買者が出揃うことになる。

したがって，前節までで述べてきたところは，ようやく③の受容段階にさしかかった時期であって，DMG社やベンツ社のような新市場の開拓を目指すパイオニア企業が出現し始めた段階である。しかし，④の普及段階になると，パイオニア企業と並んで模倣企業が現れ，各社の市場での競合あるいは協力を通して新製品（自動車）の市場浸透が加速され，普及型の標準品が登場するに至る。

もちろん，実際にはこのような市場成立の諸段階をはっきりと区分することは難しいし，この4段階説を日本のような後発国の自動車市場形成過程にそのまま当てはめることはできない。自動車市場の形成過程は，時代背景と各地域の国情，経済発展段階の違い等によって実に様々であることは言うまでもないが，（世界初の自動車市場がそこで成立したという意味で）自動車市場成立の原型の一つが，西部および中部ヨーロッパにみられるのである。

さて，われわれの研究対象であるドイツ自動車工業の場合，1895年まではドイツ国内の自動車メーカーは先のDMG社とベンツ社だけであった（ただ前述のように両社は自動車専業のメーカーではない）。また特定の顧客も予想できない状態であったから，1895年までは明らかにイノベーションの段階にあった。その後どの時点でイノベーション段階から受容段階へ，さらには普及段階へと移行したかを厳密に確定することは難しいが，ホラースによれば，世紀の変り目，すなわち1900年という年を境に自動車市場の形成へ向かう明確な潮流が生まれる。

19世紀末までにドイツで自動車用エンジンを生産していた企業は４社（DMG社，ベンツ社，Cudell社，GMD社）である。ただし，自動車用エンジンを生産していた企業が必ずしも自動車を生産していたわけではなく，たとえば４サイクル・エンジンの特許を保有していた既述のGMD社が自動車製造を開始するのは1907年になってからのことである。しかしDMG社やベンツ社からの部品受注などを契機に，本来は異業種の企業でありながら自動車という製品に注目して，みずから自動車生産に乗り出す企業が増えていった。その代表格の企業は，オペル（Opel）社とPfälzische Nähmaschinen- und Fahrräderfabrik（以上２社はミシン・メーカー），Adler社，Dürkopp社，オペル社〔上記のように同社は元もとミシン・メーカーであるが，自転車生産も始めていた――詳細は第１部第３章ノルトホフ論を参照〕，Stoewer社，Wanderer社（以上５社は自転車メーカー），Lutzmann社（馬車メーカー），Büssig社（機関車メーカー），Brennabor社（乳母車メーカー），Polyphonmusikwerke（楽器メーカー）の各社である。なかでもとくに重要な役割を果たした製造業者は自転車メーカーであった。というのは，自転車メーカーが自動車市場形成への潮流を生み出したと言えるからである。

その理由の１つは，自転車と自動車との機械構造上の類似性にあったというよりも，19世紀末にドイツで自転車の利用規制が強化されたことにある。

とくにベルリンやライプツィヒのような大都市では自転車が既存の交通機関の邪魔になることも多く，利用規制の措置がとられたのである。これは当然ながら，自転車業界にとっては大きな打撃であった。さらに自転車業界の宿命として，冬場に自転車需要が極端に減少するのが常であり，売上への季節変化の影響が不可避であった。この売上の不安定性に加えて，当時，自転車輸入に対するドイツの関税は１％と極めて低く，アメリカの自転車メーカーのドイツ市場への急激な参入が始まっていた。以上の諸原因によって，19世紀末のドイツの「自転車不況」がもたらされ，その結果，自転車メーカーは経営多角化を迫られたのである。つまり，自転車メーカーにとっては自動車生産が多角化の有望な選択肢の１つとして浮上してきたのであった。自転車メーカーの多くは，部品受注を通して自動車メーカーとのパイプもあり，全く未知の異業種に参入するという意識は持っていなかったと思われる。上記のように，自転車業界からの自動車製造への参入が最も多くなったのも当然である。20世紀に入って，Adler 社やオペル社のような自転車業界のリーダーが，自動車生産へと事業を拡大していったことはその象徴である。

部品受注を通して自動車製造に関心を持ったのは，馬車メーカーも同様である。馬車メーカーは，いうまでもなく自動車のボディーやシャーシ（プラットフォーム）の生産の担い手であった。生成期のドイツ自動車工業において，自転車メーカーと馬車メーカーとがこの新工業誕生の助産婦役（Habammenfunktion）となったことは間違いない[47]。

ただ，自転車工業が自動車市場形成の潮流をつくり出したといっても，自転車の製品技術の延長線上に自動車が位置付けられるということではなく，その役割はあくまでも市場形成の助産婦であって，潮流の中心には DMG 社やベンツ社があった。もちろん自転車と自動車には共通点がある。両方とも運転者がスピードを楽しむ乗物であること，またそのスピードが機械的に得られる点である。製品技術的に見ても，ボールベアリング，空気タイヤ，チェーン駆動装置など共通の部品が多く使われている。だからこそ，自転車メーカーが自動車生産への参入を決断したのである。しかも自転車メーカーや馬車メーカーには，生産だけでなく営業のノウハウもあった。彼らは販売方法や販路開拓において，DMG 社やベンツ社のようなパイオニア企業にはない強みを持っている。実際に，Adler 社やオペル社のような自転車企業からの転身組，すなわち模倣企業の方が DMG 社などのパイオニア企業よりも営業的にはるかに成功したのである。なぜ成功したかといえば，上述の模倣企業ではすでに本業の成功によって財務基盤がある程度築かれており，生産設備等の固定資産をもとに金融機関とも対等な交渉ができ，加えて豊富な営業経験があったからである。

もちろん，この時期に出現した模倣企業のなかにはアウグスト・ホルヒの Horch & Cie 社のように，設立当初から自動車生産だけを目的とする企業もあったが，それは珍しいケースであった。

20世紀初頭にドイツ自動車工業が普及期に入り，模倣企業の出現によって自動車メーカーの顔ぶれが出揃ってきたとはいえ，フランスに比べればその市場規模ははるかに小さく，とうてい自動車大衆化と呼べるような段階ではなかった。1914年以前はドイツ国内で年間生産台数が1,000台以上になったことはなく，したがってその生産工程も流れ作業方式ではなく，エンジンをはじめほとんどの部品は労働集約的な手作業で製造されていた。また，当時は買手の注文によって自動車づくりが行われており，買手も，たとえばT型フォードのような，あらかじめ規格が決められた車を欲しがったわけではない。

1905年頃に，ドイツでも自動車の標準基本構造が確立したといわれているが，車体のスタイルにおいても，技術的細部においても統一的規格はなかった。さらにドイツの場合，自動車生産の地理的中心地もなかった。このことは，ドイツの初期の自動車工業の発展を妨げた。ベルリンが自動車工業の拠点となる可能性はあった。なぜなら，ベルリンは他地域に比べて人口が多く，新しいものを受け容れる開放性があったし，すでにジーメンスや AEG など大工業の拠点があったからである。しかし，ベルリンに自動車部品企業のある程度の集積がみられたが，結局ベルリンが生産拠点となることはなかった。

## ２．初期自動車企業の製品・価格政策

前述のとおり，19世紀末から20世紀初頭にかけて自動車企業はドイツ各地に分散していたので，自動車工業の生産拠点もなく，製品規格や標準価格の形成に対して，各社は何の影響力もなかった。自動車企業は，生産するのに有利な注文請負条件の提示があって初めて生産を開始する，純然たる個別受注生産方式をとっていた。自動車企業各社は，フランスやアメリカの自動車市場の動向に刺激を受けながら，もしこの世界的な自動車市場の成長の波に乗り遅れたら，ドイツの自動車工業に未来がないことは当然分かっていた。

だが，20世紀に入ってもドイツの自動車メーカーは依然として各地に分散していたため製品規格がなかなか統一化されず，したがって標準販売価格も決まっていなかった。仮に，あるメーカーが値下げをしたとしても，これに対抗して他のメーカーがさらに値下げをするというような反応は期待できなかった。この状況を激変させたのは，やはり模倣企業の出現である。つまり，自動車のサプライヤーの数が急増して，原価＋マージンという単純な価格設定ではもはや同業他社との競争に勝てなくなってきたのである。その背景には，自動車の主要構成部品の同質化の傾向もあった。そこでメーカーの販売価格は，同業他社の反応をあらかじめ考慮した上で決定されるようになった。そのような業界の販売価格情報は，1901年に設立されたドイツ自動車工業連盟（Verein Deutscher Motorfahrzeug-Industrieller）からも得られるようになった。

当時の自動車の平均価格は5,000マルクであった。たとえば，1896年のDMG 社の原付馬車の価格は２人乗り・２馬力エンジン車の場合3,800マルクで，４人乗り・５馬力車では5,800マルクであった。DMG 社ではシャーシや車輪は専門の部品メーカーから仕入れたが，エンジンはもちろん自社で生産した。

1900年代になると，DMG 社は10,000マルクを超える高級車を販売して富裕層の心を捉えた。以後５年間ほど高価格車市場はほぼ DMG 社の独占状態だったが，その間オペル社や Horch 社も高級車市場に参入した。

他方，低価格車市場の開拓もすでに始まっていた。ガッゲナウにある南ド

イツ自動車製作所（Süddeutsche Automobilfabrik）は，1904年～1905年頃にBergmann-Lilliputという車を車輪の大きさによって2,500～2,750マルクで販売した[48]。後述するように，1907年以降はほとんどすべてのメーカーが低価格車市場に進出した。

この頃になると基本装備の価格はほぼ統一されていたが，この場合基本装備というのはシャーシのみを指しており，エンジン，泥除けフェンダー，乗降タラップ，照明装置，備付工具，その他補充部品などはシャーシ価格に含まれていなかった。1906年と07年のオペル社の特別装備の品目は45品目にのぼる。追加装備によって車の最終販売価格はまさに千差万別であった。このようなメーカーの価格政策がやがて限界に達することは明らかであった。要するに，1906年頃までの自動車は文字通り奢侈品であって，所有者の社会的ステータスを満足させるに過ぎないものであり，実用的価値はほとんどなかった。故障は日常茶飯事であり，その修理代も高額であった。さらに補充部品は市販されておらず，燃料であるガソリンは最初は薬局で販売されていた。

しかし皮肉なことに，追加装備に頼るメーカーの価格政策が，車を奢侈品として購入する富裕層よりもヨリ重要な顧客として，必要最小限の追加装備の低価格車こそを必要とする大きな潜在的購買層の存在に気づかせることになるのである。

## 3．1907年の不況とドイツ自動車工業の転機

1900年時点で，ドイツの自動車メーカーの数は37社であった。その後1905年までに66社の新規設立があり，それに加えて1910年までに49社の新規設立があった。しかし，この10年間の間に35社が様々な理由から生産停止に追い込まれていたので，1910年時点ではドイツの乗用車メーカーの数（貨物車メーカーを除く）は80社となった[49]。1906年の自動車の年間生産台数は5,218台であったが，これを1901年の884台と比べると５年間で大きく増加したことが分かる。もちろん生産台数だけを見て国内市場の発展を論ずることはできない。このことは，ドイツ国内の自動車生産が必ずしもすべて国内向けで

はないこと，逆にドイツ国内の自動車保有台数（1906年度11,072台）には相当数の輸入車が含まれていることを考えれば当然である。そのうえホラースによれば，1906年度まではドイツでは国の公式の自動車統計がなかったからなおさらである[50)]。

1907年のドイツの自動車保有台数は16,214台となり前年に比べて46％増加したが，1908年になると20,551台と増加はしたけれども増加率は半減した。実は1907年という年はドイツ自動車工業にとっては「不況の年」であり，重要な転機となった年であった。

1907年の自動車不況の原因は様々であるが，その最大の原因は同時期の輸出減少である。アメリカの景気後退に端を発する不況の影響がドイツ自動車工業を直撃した。上述のように，それまでのドイツ自動車工業の主力生産車種は奢侈品としての高級車であって，ことに1903年以降は６馬力以下のエンジンの搭載車の生産比率は16.6％となり，それ以外はすべて６馬力を超える車で，10馬力以上の車種の生産比率は37.8％に達した。1907年になると10馬力以上の車種の比率は55.9％で，25馬力以上の車種も24.8％を占めた。要するに，全生産車種の80％以上が高級車すなわち高価格車であった。当然ながら，輸出の主力車種も高級車であり，国外市場の景気後退によって高級車需要が減少した結果，ドイツ自動車工業は方向転換を余儀なくされたのである。その方向転換とは10馬力以下の低価格車への回帰であって，それは1911年の統計にも表れている。1907年は上述のように８割が10馬力以上の高価格車であったが，1911年になると６～10馬力の車が再び全体の44％を占めるに至った。

ただ，不況以前にもすでに生産車種の低価格化あるいは小型化を促す諸要因が伏在していたことも指摘しておかなければならない。その１つは1906年の自動車税の導入であり，もう１つは自動車損害賠償責任法の立法化の動きである。さらに，当時ドイツでは外国車に対して価格のわずか１％の関税がかけられていただけで，とりわけ廉価なイタリア車の輸入がドイツ自動車工業の危機をヨリ深刻なものにした。

20世紀初頭のイタリア自動車工業の急速な商業的成功は，ただでさえ市場規模の小さなドイツの自動車市場にとって大きな脅威となり，倒産に至る企業も少なからずあった。そこでオペル社の提案で，1907年にドイツ自動車連盟（Auto-Liga）が設立された。この連盟の目的はドイツ国内市場から外国車を排除することにあった。当初，ドイツのメーカーは廉価なイタリア車の国内市場への浸透を過小評価していた。なぜなら，ドイツのメーカーの主力生産車種は高価格車であったから，イタリアの低価格車と競合することはないと楽観していたからである。しかしながら，前述の不況や自動車関連法規の整備にともない，ドイツ・メーカーの低価格車生産への回帰が始まると，イタリア車が強力な競争相手となった。この時期，業界リーダーであったDMG社でさえ売上が大幅に減少し，全従業員数3,030名（1906年時点）のうち700名以上を解雇しなければならなかった。

以上のような1907年の自動車不況の結果，ドイツのメーカーは廉価な実用車あるいは商用車・貨物車の生産にシフトしていったのである。ドイツの国内需要の変化は，ドイツ企業に対してのみならず，当然ながら外国企業に対しても影響を与えた。やはり高価格車が主力であったフランス車のドイツへの輸入は急減し，これはドイツ国内のフランス車の顧客にとって自国製品つまりドイツ車を見直すキッカケとなった。自動車不況のプラス効果といえるであろう。ホラースによれば，1907年の自動車不況は，ドイツ自動車工業が飛躍的発展期を迎える前の最後の段階であって，その最後の段階とは奢侈品としての自動車の生産から実用車・商用車生産へシフトするために大規模な設備投資が行われた時期である。この方向転換に付いていけなくなった企業は，市場から落後せざるを得なかったのである。

ドイツ市場へのフランス車の輸入が目に見えて減少したといっても，当時フランスは依然としてダントツの自動車輸出大国であった。1905年のドイツの自動車輸出額（2,200万フラン）はアメリカ（1,400万フラン）を凌いで世界第２位であったが，第１位のフランスの輸出額（１億100万フラン）のほぼ５分の１にすぎない。とはいっても，1907年以降，低価格車・商用車（および農業用車）需要を背景にフランスへのドイツ車の輸出は大幅に増加し始め，このときからドイツ自動車工業は輸出志向の強い傾向を持つようになった。たとえば，1913年のドイツの乗用車の輸出額は輸入額の６倍，貨物車（LKW）に至っては７倍であった。

1907年の不況がドイツ自動車工業の基盤を強化して，その後の輸出志向の基本的性格を付与すると同時に，ドイツ国内にも本格的な自動車市場の成立を促す契機となったのである。

「1907年から1913年の間に，自動車は『贅沢品』という当初のイメージを払拭したばかりでなく，1911年までに６～10馬力車が（ドイツで）最も普及した車種となり，６馬力以下の小型車も35.3％を占め，６～10馬力車の44％と合わせると，自動車保有台数の大部分をこのクラスの車が占めることになった。これは明らかにこの車種が日常の交通手段として使われる実用品となったことを意味するのである。」51)

## ４．部品工業の発展

最後に，組立加工業として発展しつつあった生成期の自動車工業と既存の部品工業との関係を見ておきたい。

さきに，「前過程製品としての小型エンジンの開発」や「模倣企業の出現」のところで若干述べたように，自転車メーカーや馬車メーカーのような，自動車メーカーにとっての部品供給企業が自動車工業の助産婦役となったことは確かであるが，自動車という製品は多種多様な部品工業が有する製品技術の延長線上に現れたものではなく，独自のコンセプトから生まれた独創的な製品であった。いうまでもなく，その製品の中核にはダイムラーの４サイクル・エンジンがある。ダイムラーのエンジンそれ自体も，当初は必ずしも輸送機械に搭載することだけを目的に生産されたわけではない。しかし，ひとたびエンジンを中核部品とする自動車が出現すると，自動車メーカーとその部品供給企業との間には相互依存関係が生まれた。

その場合，両者の関係には２つの異なる傾向を確認できる。１つは，自動車メーカーが全体の生産工程から一部の部品生産を切り離して外注することにより生産コストの削減を狙うものであり，もう１つはその正反対に，部品メーカーのマージンを節約するために部品を内製化する傾向である。たとえば，ダイムラーの1889年製の鉄輪車は，Neckarsulm 自転車製の車輪とシャーシ（プラットフォーム）を使っていたが，これは両社が部品を供給し合うことで，両社どちらにおいても４輪自動車の生産が可能になり，全体として規模の経済性を確保することにあった。ベンツ社も当初の意図（すべての部品の内製化）に反して，自身の最初の自動車に自社製の車輪を付けなかった。ベンツは車輪の輪縁をフランクフルトの自転車商 Heinrich Kleyer から買ったのである。

交通手段としての自動車の重要性が増すとともに，自動車市場の飛躍的成長が期待された。そして自動車市場の成長は，数多くの部品企業の発展をもたらすことになる。ベルリンの大手卸売商 Sorge und Sabeck の1902年の商品カタログには3,500の自動車用品が載っている。そこには，自動車が人と衝突した際に，その通行人を怪我なく受け止めるために，自動車の前部に取付ける捕捉網まであった[52)]。イエナの有名なカール・ツァイス社も電気式ヘッドランプを生産するようになった。

ドイツの自動車部品工業の最大拠点はベルリンであった。その他，ベルリンに比べると数はかなり減るが，ドレスデン，ハンブルク，ライプツィヒにも部品企業の相当数の集積が見られた。

やがて多くの部品企業のなかから，先述の模倣企業のように，みずから自動車製造に乗り出すものが現れる。その代表が馬車メーカーや自転車メーカーであったが，自動車製造を手がけるようになった馬車メーカーも，当初のうちの主力事業はあくまで馬車製造であって，自動車用の車体製造に特化していたわけではなかった。しかし1907年頃には，馬車はすでに成熟商品であって，一般に認められた標準価格があり，値下げはあっても値上げは困難であった。ところが，自動車用の車体やシャーシはまだ成長期の製品であり，馬車業者がそこに大きなビジネス・チャンスを見たのは当然である。馬車製造業者が自動車用車体生産に主力を移行し始めると，その関連業者，たとえば馬具業者，塗装業者，錠前業者なども自動車用部品の生産に急速にシフトしていくことになる。このような事情は自転車メーカーの場合も同様であり，こうして自動車工業を支える部品工業の裾野が大きく拡がっていったのである。

## Ⅳ　おわりに

本稿のⅠおよびⅡは，筆者が1995年に発表した論文「初期自動車企業の製品政策（その1）」をそのまま使い，その後発表する予定であった（その2）の代わりに，Ⅲを新たに書き加えた。その結果，Ⅰ・Ⅱの論点とⅢの論点の細部で整合性を欠く部分が生じたとすれば，それはⅠ・Ⅱが25年前に書かれたものであり，現時点の筆者の関心が25年前のそれとかなり変化したからである。しかし研究テーマに変化はなく，論文で取り上げた歴史的事実に変化があるはずもない。

そこで筆者の関心の変化だけが問題になると思うが，本稿Ⅰ・Ⅱを発表した当初の意図は，あくまでDMG社とベンツ社とを中心として「ドイツにおける自動車企業の誕生」の経緯について，企業家による新市場創造という観点から歴史的事実（もちろん二次的資料の情報を含む）を検討することにあった。しかし現時点の筆者の主たる関心は，企業家の活動よりも自動車市場の形成過程そのものに移った。なるほど企業家活動は新市場形成の起点であり重要な推進力ではあるが，それと同時にもう少しマクロ的要因にも目を配ったバランスのとれた叙述が必要だと考えるに至った。それは，もちろん当初から分かっていたことではあるが，筆者が加齢によって，「企業家の成功物語」にあまり関心が持てなくなったこともあるかもしれない。それならば，むしろ最初から全稿書き改めるべきではないかという批判を受けそうだが，本書をまとめるにあたって時間的余裕はなく，Ⅰ・Ⅱをそのまま使ってⅢを書き加えることによって，表題も「生成期のドイツ自動車市場」とした次第である。

なお本稿の結論としては，市場形成過程における模倣企業群の出現の重要性を強調しておきたい。市場形成の発端にパイオニア企業の活動があることは自明であるが，パイオニア企業の活動はその財務基盤が脆弱なため中途で挫折しやすく，またその成功が偶然的要素にあまりにも大きく依存している場合が多い。また通常，パイオニア企業が開拓した新市場は規模が小さく，きわめて限られた購買層に支えられており，さらなる市場拡大は期待できない。DMG社の初期の顧客がほぼ富裕層に限られていたことはそれを示すものである。

しかし模倣企業は，すでに他の事業分野である程度成功しており，パイオニア企業にはまったくない企業経営の経験とその他有形・無形の様々な経営資源を持っており，未知の事業分野に進出するといっても，パイオニア企業のスタートアップ時点とは比較にならぬほど豊富で確実性の高い情報を与えられている。要するに，オペル社のような模倣企業にとって自動車生産への進出は，いわば第二創業なのである。模倣企業の第二創業にも当然リスクはともなうが，もし成功すれば先行企業の活動をも巻き込んで飛躍的な市場拡大につながる可能性がある。

[注]

1）内燃機関を動力源とする路上走行車（Straßenfahrzeug），すなわち自動車（Auto, Automobil, Motorwagen）は，1885年から1886年にかけてダイムラーとベンツ（Karl Benz）によってそれぞれ別々に発明されたというのが，自動車関係の文献に見られる通説である。なかには自動車誕生の年を1886年に特定している文献もある。これはベンツの３輪の特許自動車（Patent-Motorwagen）が1886年７月３日にマンハイム市街の路上をはじめて走行した日を基準にしているためである。同年秋に，ダイムラーとマイバッハは馬車を改造した４輪自動車でカンシュタットからウンターテュルクハイムまで走った。したがって自動車の発明はベンツの方が早かったともいえるが，ダイムラーはその前年の1885年に世界最初のオートバイ「ライトラート（Reitrad）」を製作している。W. Walz, Daimler-Benz, Wo das Auto anfing, 4. Aufl., Konstanz 1986, S.37ff.

2）史上初の自動車レースは，1894年，フランスのパリ～ルーアン間でおこなわれた。このときの第１着は蒸気自動車であったが，その走行費用が掛りすぎたことが理由で，結局優勝の栄冠は第２着のダイムラー・エンジン搭載車２台の上に輝いた。しかし，ガソリン・エンジン車の発展に決定的な影響を与えたのは，むしろ翌年の95年におこなわれたパリ～ボルドー間の国際自動車レースであった。当時の自動車レースの目的，性能判定基準，参加条件等については，G. Horras, Die Entwicklung des deutschen Automobilmarktes bis 1914, München 1982, S.114 ff. を参照のこと。

3）本章第Ⅱ節第６項参照。

4）ドイツにおいては，1900年の時点で，アセンブラーとしての自動車メーカーは１

社も存在しない。G. Horras, a.a.O., S.125参照。

５）ホラースによれば，市場成立の条件は，特定製品を専業的あるいは兼業的に扱う生産者と販売業者，そしてその製品の（潜在的）最終購買者が存在することである。G. Horras, a.a.O., S.124.

さらにホラースは，製品進化と市場形成のプロセスについて，大略次のような４段階説をとる。まず発端は発明の段階である。この発明にはディマンド・プル（DP）型とテクノロジー・プッシュ（TP）型とがあり，もしDP型の発明であれば，次のイノベーションの段階で明確な開発目標ができ，単純なものなら製品化も容易である。しかし，自動車のような複雑な製品の技術的シーズとなる発明は，DP型とTP型との両方の性格をもっている。

次のイノベーションの段階で技術的シーズがはじめて製品という形をとる。ただ，この段階での製品化は，販売機会への期待を前提とするものではあるが，誰がその製品の買手となるかは未知である。あるいは予想可能な買手がきわめて限定されている。発明とイノベーションの段階における個人間あるいは企業間の競争は特許権をめぐって展開される。また，イノベーションの段階で企業者と出資者とのコラボレーションが具体化する。

第３は受容の段階である。この段階においては，すでに前記の市場構成要件は一応満たされ，市場での成果も上がりはじめるが，製品はなお生産者と購買者との交互作用に基づく開発過程にあり，市場開拓をめざす企業の存立自体が，一種の実験となっている。自動車企業の誕生について語りうるのは，この段階である。自動車の場合，受容の段階で，展示会や自動車レースが重要な役割を演じた。製品性能の評価基準が明確になり，製品コンセプトも確立する。製品の価格や性能をめぐって企業間の市場競争も激化する。

最後は，普及段階である。この段階になると，パイオニア企業と並んで模倣企業が現われ，両者の市場での競合あるいは協力を通じて，製品の市場浸透が加速され，標準品すなわち普及型商品が出現する。自動車の場合には，その前提としてインフラの整備が必要であった。G. Horras, a.a.O., S.3ff.

以上の４段階説は理想型であって，実際には各段階間の境界も流動的であるし，例えば日本のような後発国における自動車市場の形成にこの４段階説をそのまま当てはめることはできない。

６）G. Horras, a.a.O., S.125.

７）G. Horras, a.a.O., S.51.

８）ベンツ社は，19世紀末における世界最大の自動車メーカーであった。Mercedes-Benz AG（Hrsg.）, Mercedes-Benz Museum, 1992, S.12.

９）G. Horras, a.a.O., S.21.

10）K. Benz, Lebensfahrt eines deutschen Erfinders 1844-1924, Leipzig, 1925, S.117.

11）G. Horras, a.a.O., S.122. ことに，1865年に制定されたいわゆる赤旗法（Red Flag Act）は有名である。

12）G. Horras, a.a.O., S.8f.

13）G. Horras, a.a.O., S.25.

14）のちにランゲンは，オットー・エンジンの特許使用権をめぐって，排他的な態度をとることになる。本章第Ⅱ節第４項参照。
15）G. Horras, a.a.O., S.28.
16）G. Horras, a.a.O., S.11.
17）G. Horras, a.a.O., S.29.
18）G. Horras, a.a.O., S.30.
19）G. Horras, a.a.O., S.32.
20）G. Horras, a.a.O., S.17.
21）ドイツ帝国特許法成立の経緯については，木元富夫「19世紀後半ジーメンスにおける従業者発明の取扱いをめぐって」，『経営史学』第28巻第２号（1993年）参照。引用箇所はすべて同論文３頁より。
22）木元，同上論文，３頁。
23）木元，同上論文，21頁。
24）G. Horras, a.a.O., S.17.
25）「経営発明」，「職務発明」および「自由発明」という企業内の従業員発明の区分については，木元，前掲論文，26頁参照。
26）わが国特許法第１章第１条。
27）G. Horras, a.a.O., S.17.
28）G. Horras, a.a.O., S.18.
29）G. Horras, a.a.O., S.14.
30）G. Horras, a.a.O., S.17.
31）G. Horras, a.a.O., S.33.
32）G. Horras, a.a.O., S.40.
33）G. Horras, a.a.O., S.34.
34）G. Horras, a.a.O., S.28.
35）G. Horras, a.a.O., S.45.
36）W. Walz, a.a.O., S.52f.
37）熊谷清一郎『エンジンの話』岩波書店，1981年，60頁参照。
38）G. Horras, a.a.O., S.43.
39）Theo Wolff, Vom Ochsenwagen zum Automobil. Geschichte der Wagenfahrzeuge und des Fahrwesens von ältester bis zu neuester Zeit, Leipzig, 1909, S.142 脚注参照。
40）F. Sass, Geschichte des deutschen Verbrennungsmotorenbaues von 1860 bis 1918, Berlin etc., 1962, S.82.
41）G. Horras, a.a.O., S.47.
42）R. Hanf, Im Spannungsfeld zwischen Technik und Markt. Zielkonflikte bei der Daimler-Motoren-Gesellschaft im ersten Dezennium ihres Bestehens, Wiesbaden, 1980, S.16.
43）しかし，このようなダイムラーの技術的企図があったとはいえ，鉄輪車もダイムラー・エンジンの用途の一つにすぎないという，かれの製品政策に変更はなかった。後述するように，シャーシとエンジンとの一体化を積極的に推し進め，自動車という製品コンセプトの確立に貢献したのは，むしろベンツであった。G.

Horras, a.a.O., S.63.

44) G. Horras, a.a.O., S.48-50.

45) Mercedes-Benz AG（Hrsg.）, a.a.O., S.43.

46) 自動車で商業的成功を収めたのは，ベンツの方が先であったが，既述のように，ダイムラーも1889年に開発した鉄輪車でシャーシとエンジンとの一体化を試みている。このとき使用されたのは，縦置き型の２気筒Ｖ型エンジンであったが，技術的に見た場合，路上走行車へのエンジンの取付けについては，ベンツの横置き式よりもダイムラーの縦置き式の方が手際がよかったとされている。G. Horras, a.a.O., S.45.

47) G. Horras, a.a.O., S.126.

48) G. Horras, a.a.O., S.139.

49) G. Horras, a.a.O., S.145.

50) G. Horras, a.a.O., S.147.

51) G. Horras, a.a.O., S.154.

52) G. Horras, a.a.O., S.197.

# 第2章　フォルクスワーゲン社の戦略転換 *

## I　はじめに

西独最大の自動車会社フォルクスワーゲン株式会社 Volkswagenwerk Aktiengesellschaft（以下 VW 社と略記する）は，70年代の中頃に倒産寸前の深刻な経営危機に直面していたが，この最悪の時期（1975年２月10日）に第４代社長に就任したトニ・シュミュッカー（Toni Schmücker）は就任後わずか半年足らずで業績を好転させることに成功した。この業績回復に貢献した車種はゴルフとパサートであり，ゴルフはVW 社の主力車種，通称ビートル（かぶと虫）といわれるタイプ１の後継車として開発され，パサートはアウディ80をベースにしたVW の新世代モデルであった。

これは単にVW 社における車種の世代交代だけを示唆するものではなく，その背景には第２代社長クルト・ロッツ（Kurt Lotz）以後の経営戦略の大きな転換があった。

周知のように，VW 社は1948年にハインリヒ・ノルトホフ（Heinrich Nordhoff）が初代社長に就任して以来，ノルトホフの方針によってビートルの単一車種生産を続け，1972年には史上有名なＴ型フォードの総生産台数の記録を突破したが，その２年後にはヴォルフスブルク本社工場でのビートルの生産中止を決定している。ノルトホフは，Ｔ型フォードの先例を当然知っていたと思われるが，それにもかかわらずモノプロダクションの戦略を20年間とり続けた。ノルトホフのモノプロダクション戦略を成功に導いた諸要因を探ることは，われわれにとっても興味深い問題であるが[1)]，その検討は別の機会に譲ることにしたい。むしろわれわれの当面の問題は，VW 社の経営陣が，１車種量産の危険性が顕在化した段階においても戦略を転換できなかったのは何故か，という点である。

ビートルもＴ型フォードの失敗を繰り返すのではないかということが，ビートルの日産台数が4000台に近づいた1960年頃から各方面で議論されはじめたといわれるが[2]，VW 社は欧米市場への輸出が依然好調であったこともあって，その後もビートル依存の戦略を変えなかった。しかし，60年代後半には，さすがのノルトホフも新型車の試作を本格的に開始したが，実際に製品化されたモデルはなかった。

また，VW 社に固有の事情として，同社が連邦政府とニーダーザクセン州政府がそれぞれ20％を出資する準国有企業であるために，いったん軌道に乗った戦略を転換することは，フォード社に較べてさらに困難であったといえよう。

さらに1959年に，VW のビートルに対抗して，アメリカの大手自動車会社３社によってコンパクト・カー攻勢が開始されたこともVW 関係者の危機感を強める原因となった。結果的には，VW 社の対米輸出は減少するどころか，他の欧州車のシェアを侵食して増加したが，1963年には西ドイツ国内のシェアが34％から30％弱に減少して，ビートルの成熟期はすでに過ぎ去り，衰退期に入りつつあることをVW 社の経営陣も認めざるを得なくなった[3]。彼らは，かつてのフォードと同じ苦境に立たされた。

後継車種の模索は上述の理由などにより，すでに60年代から始められていたが，ノルトホフ時代に現われた新型車はビートルの性能面に部分的改良をほどこしたものが中心であった[4]。長い間VW 社の顔であったビートルに代わりうる主力製品を開発することは容易なことではなかったのである。

ビートルからゴルフへの主力製品の移行は，VW 社における経営戦略の劇的な転換を象徴しているが，本格的な戦略転換はノルトホフ社長の逝去により，1968年に後任の社長となったクルト・ロッツによって着手された。

ある戦略によって，過去におさめた成功が大きければ大きいほど，また業務執行体の規模が大きな組織ほど，その戦略を転換することは困難であると言われるが，VW 社の場合はその典型的な事例である。

本研究の課題は，主として製品戦略を中心にロッツ以後の10年間にわたる戦略転換の過程をたどり，VW 社の困難な戦略転換がいかにして成し遂げられたかを明らかにすることである。

これまで，経営戦略の形成あるいは転換という観点からVW社の事例分析を試みたものにミンツバーグ（Henry Mintzberg）の研究があり[5)]，われわれも彼の研究を参考にしたが，残念ながら大雑把な分析である上に，事実の記述が不正確であり，依拠している資料にも問題があると思われる。本研究ではこの点を補いつつ，VW社の戦略転換過程をより詳細に検討することにしたい。

## Ⅱ　VW社の概要および沿革

### 1．概要

現在（1987年時点）VW社は，国内・国外の子会社からなるVWグループの中枢にある。西独国内の生産拠点はアウディNSUのインゴルシュタットを含めて7ケ所あり，国外ではアメリカをはじめ，メキシコ，ブラジル，アルゼンチン，南アフリカ，上海など計10ケ国（1985年現在）に生産拠点がある。図1－2－1は各国生産拠点間の部品供給関係および出荷形態を簡略化して示したものである。

1985年度のグループ全体の自動車生産台数は，乗用車・商用車合計で239.8万台であり，対前年比12％増となった。そのうち国外での生産台数は76.3万台で，全体の3割を超えている。1984年度の国内生産台数について各国の自動車メーカーを比較するとVWグループは世界第6位にランクされる。

1985年度の総売上高は約525億マルク，税引後純利益は5.96億マルクとなり，パサートやゴルフのヒットによる1976年度の純利益10億マルクには及ばないが，中南米諸国の不況などにより2年連続で欠損となった1983年当時に較べると業績はかなり向上した。

また，近年VW社が欧州域内における低価格車の新たな生産拠点としてスペインを重視し，セアット（SEAT）との提携関係の強化をすすめている点が注目される[6)]。

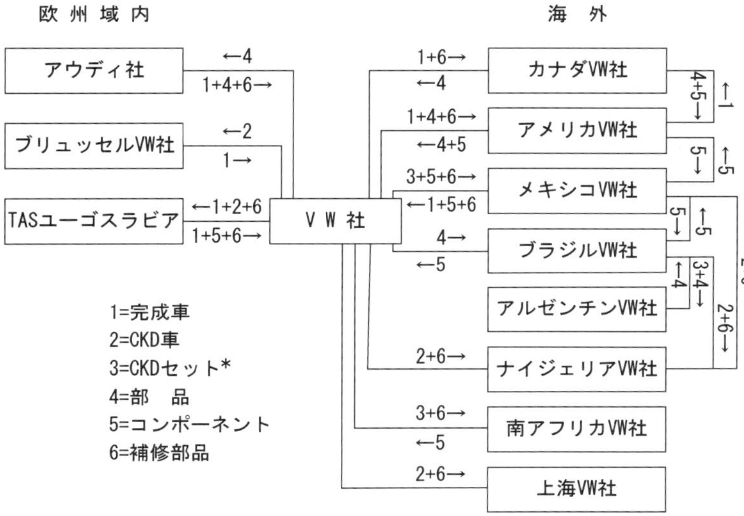


＊ CKDセットとは，FOBベースでCKD車両構成部品の価格が1台当たりの構成部品価格の60％未満のものを指し（日本自工会の場合），CKD車両（ユニット）とは区別される（日産自動車編『自動車産業ハンドブック1985年版』による）。

図１－２－１　VWグループにおける各国生産拠点間の出荷形態と部品供給
（出所）Volkswagen AG Annual Report 1985, p.53にある図を簡略化したもの。

自動車以外の事業では，同社は1979年に事務・情報処理機器メーカー，トリウムフ・アドラー社（Triumph-Adler AG）を買収したほか，不動産販売，住宅建設などの分野へ参入しているが，最近（1986年４月）になって，トリウムフ・アドラー社をイタリアのオリベッティ社（Olivetti）へ売却するなど[7)]，事業の多角化に成功しているとは言い難い。

## ２．沿革

次にVW社の沿革を簡単に辿っておこう。その際，われわれはミンツバーグの諸論文を参考にしてVW社の歴史を７つの時期に区分したい。

まず，第１期は，戦前のナチス期，戦中および敗戦直後の混乱期を含む

1948年以前の時期である。ナチス政権下，ヒトラーが発表した「国民車」構想に基づき，フェルディナント・ポルシェ（Ferdinand Porsche）が1936年に「国民車」の試作第1号を完成してから，1938年にはドイツ労働戦線の1組織としてフォルクスワーゲン有限会社が誕生し，KdF車と名づけられた「国民車」の量産工場の建設が開始されたが，第2次世界大戦の開戦とともに，建設中のVW工場も戦時体制に組み入れられ，空襲などによって大半が破壊された工場は，戦後英占領軍の管理下に置かれた。

この時期は，VW社の経営前史というべき段階であるが，国策としてのアウトバーンの建設や国民車貯蓄制度などによって，大衆車市場の存在していなかった当時のドイツに，低所得層を中心とする自動車の新需要層が準備されたことは，戦後のビートルの成功を考える上で重要な点である。

第2期は1948年のノルトホフの社長就任以降1961年までの時期である。ノルトホフは英占領軍政府によって社長に任命されてから1968年に死去するまで，ほぼ20年間にわたりVW社の経営の実権を掌握しており，VW社の実質的創業者といっても過言ではない。彼の社長時代にビートル単一車種生産の戦略が確立されたのであり，積極的な海外戦略が展開された。VW社にビートルのモノカルチャーを確立した人はノルトホフにほかならない。

ノルトホフは元来技術者で，その最初の就職先はバイエルン自動車製作所（BMW――Bayerische Motoren Werke GmbH）であり，同社の航空機エンジン部に配属された。その後紆余曲折を経て，1930年にゼネラル・モーターズ傘下のアダム・オペル社（Adam Opel）へ入社し，勤続15年の間に同社の取締役に昇進している。彼はその間オペル社の社員としてアメリカへ派遣され，GMで生産・販売の両面について学習する機会を得たといわれる。

ノルトホフは戦後VW社の社長に就任してからビートルの1車種量産を軸に，海外進出による積極的な販路の拡大を推進した。彼は早くから西独国内の市場規模が1車種量産体制を支えるには不十分であることを予期して輸出拡大に努めたが，すでに1951年にはVW社の輸出先は29カ国をかぞえていた。

現地生産子会社も1953年にブラジルに設立されたのをはじめ（CKD生産

についてはブラジルとアイルランドですでに1950年から開始），1957年までに南アフリカ，オーストリア各現地工場が開設された。

第２期はVW社の躍進期であり，VWのユーザーは世界的規模で拡がり，生産能力も飛躍的に増大したが（図１－２－２参照），1961年に重大な転期を迎えることになる。制度面での改革が前年に行われたことも１つの節目となっているが，1959年から1961年までの間に国内・国外において有力な競合車種が現われたことがその主要な原因である。

1949年にビートルがアメリカへ最初に輸出されて以来，1954年には販売拠点として現地法人アメリカVW社が設立され，販売網の整備がなされた。また輸入車を専門に扱うアメリカのディーラーに対して，VW販売部門を他の輸入車取扱部門から明確に分離することを要求して独自のサービス体制をつくり上げた。モデル・チェンジのないことが部品交換などのアフターサービス面に有利に働き，アメリカでは小型車は売れないという先入観を覆し，セカンド・カーとして売上を着実に伸ばしていった[8)]。

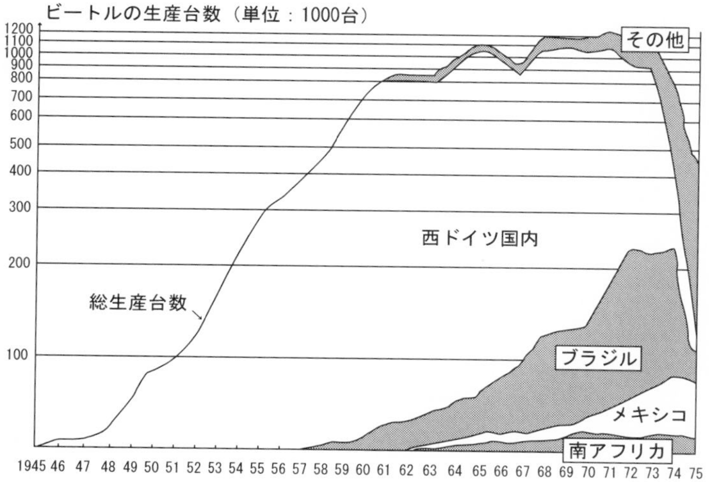


**図１－２－２　各国生産拠点におけるビートル生産台数の変化（1945年～1975年）**

（出所）H. Meffert u.a., Marketing-Entscheidungen bei der Einführung des VW-Golf, Münster 1977, S.8.

ところが，1959年にアメリカ大手自動車メーカー３社によって数種のコンパクト・カーが発表され，セカンド・カー市場に有力な競争会社が出現した。それでもビートルは車格を超越した個性をもつといわれ，大手３社のコンパクト・カー攻勢後も対米輸出はさらに伸びる傾向にあったが，逆に西ドイツ国内では，1961年をピークとして販売台数が徐々に落ち込み，1963年には国内市場でのシェアがはじめて減少した。これはドイツ車全体の国内登録台数が11％増加したなかでの減少であり，競合車オペル・カデットの伸長によるものと見られた（図１－２－３参照）。

VW 社は1961年を境に新たな段階に入りつつあった。しかもその前年に，VW 社は「有限会社」から「株式会社」へ改組され，所有権問題にようやく結着がついた[9]。

第３期は1962年から1968年のノルトホフの死去に至るまでの期間である。

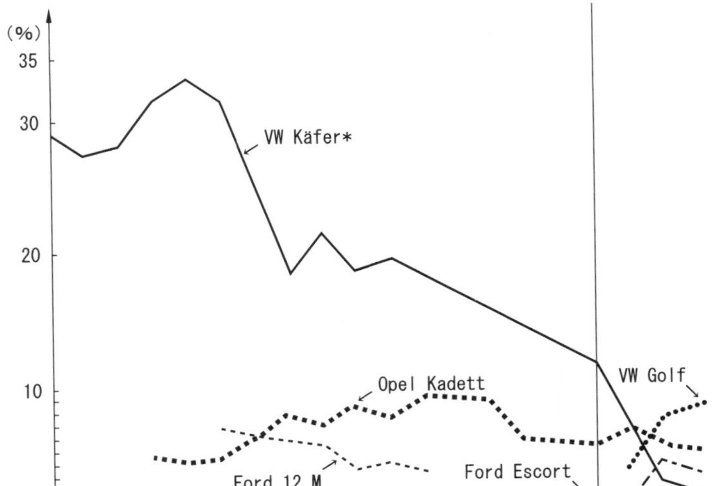


図１－２－３　西ドイツ国内における大衆車のマーケット・シェア

（出所）Meffert, 1977, S.12.

この時期には，さすがのノルトホフも１車種量産に固執しえなくなっていた。新車種VW1500（タイプ３）の導入はその表われであったが，一時的な人気を得ても到底ビートルに代わりうるものではなかった。売上高の伸びにもかかわらず，市場競争とコスト上昇により利益は減少していった。１車種量産とはいうものの，度重なる部分的改良の結果，生産コスト自体が上昇していた。市場には性能・価格両面においてビートルに十分対抗できる競合車種が出揃っていた。

このような状況下で，60年代後半にはビートル後継車種の開発に社内外の人々の関心が集中したが，数多くの試作車が公開されただけで，結局ノルトホフ時代には後継車は現われなかった。この時期の注目すべき出来事は，VW社が1964年から1966年にかけて，ダイムラー・ベンツ社（Daimler-Benz AG）からバイエルン州インゴルシュタットにあるアウト・ウニオン社（Auto-Union GmbH）を買収したことである[10)]。後述するように，1970年代の経営危機からVW社を救い，新たな主力車ゴルフを生みだしたのは，後にNSUを加えたインゴルシュタット系の技術であった。しかし，単一車種生産からフルライン体制への脱却が本格的に開始されるのは，次の第４期に入ってからのことである。

第４期以降の時期は本小論の研究対象となるので，ここには単にその期間だけを示すにとどめよう。

第４期は，ノルトホフの死により，1968年５月にクルト・ロッツが後任の社長となってから，1971年に業績不振の責任をとって就任後わずか２年で社長を辞任するまでの期間である。期間は短いが，70年代に向けてVW社の戦略の方向に指針を与えた重要な時期である。

第５期は，第３代社長ルドルフ・ライディング（Rudolf Leiding）が，アウディの優れた技術開発力を背景に，ミンツバーグのいわゆる「アウディ戦略」を展開した1971年～1975年の期間である。ライディングの社長在任中に行われた膨大な研究開発投資によって，次の世代を担うゴルフやパサートが開発されたが，ゴルフの発売が第１次石油危機による自動車需要の大幅な縮小と重なり，会社の財政状態は極度に悪化した。会社再建のためには生産性の低い工場を閉鎖する必要があったが，ライディングには政治的支援を得た金属労組（I.G. Metall）の強硬な反対を押し切ることができなかった。彼は1975年１月10日に辞職した。

第６期は1975年～1981年の期間であり，ライディングの後を継いだ新社長シュミュッカーは，この時期にゴルフを主力とする車種政策（われわれはこれをゴルフ戦略と呼ぶことにする）を体系的に展開すると同時に，国内工場労働者の大量解雇等による生産の効率化によって前期からの最悪の財務状態を一挙に立て直し，さらにVW社においては従来消極的であった非自動車事業への多角化を進めた。シュミュッカーには１車種量産に特化する過ちを再び繰り返さないという意図があった。

以上，第４期から第６期までの間（1968年～1981年）にVW社の経営戦略の転換が完了したと見ることができるが，1980年代に入って再び業績が悪化し，81年には社長交代があって（後任はハーン Carl H. Hahn），新たな段階へ進むことになる。したがって81年以後を第７期とすることができるが，小論の当面の課題は第４期から第６期までの分析に限定される。

## Ⅲ　VW社の経営危機と戦略転換

### １．後継車種の模索

#### (1)　ゲシュタルト戦略の限界

ゴルフは，今日VW社の主力製品であり，1984年度の生産台数は577,062台で，世界の主要乗用車のなかでは，トヨタ・カローラの551,303台をおさえて第１位である[11)]。これに対し，VW社のかつての主力車ビートルは，すでに1974年に本社工場での生産が中止され，1977年には西ドイツ国内での生産も打ち切りとなった。VW社における主力車種の世代交替はほぼ成し遂げられたといってよい。

もちろん，１車種量産戦略の主力製品であったビートルと，フルライン体制へ転換してからの主力ゴルフとを生産台数だけで単純に比較することはできないが，ゴルフの成功は１車種量産からの脱却を象徴する出来事であった。

過去20年間一つの企業を支え，あまりにも大きな成功をおさめた戦略が有効性を失った場合，一体企業はどのようにして戦略転換を図りうるのか。沿革で述べたように，VW 社はこの戦略転換を1968年～1975年（第４期から第６期にかけて）の期間に成し遂げたが，その間に社長は３代交代しており，転換が極めて困難であったことが窺われる。小論の研究対象はこの期間に限定されるが，ビートルの後継車種の模索がすでにノルトホフ社長の時期に始められていたことは前述の通りである。

1962年以降，VW はいわゆるカブト虫型とは異なる，ノッチバック・セダンの新型車 VW1500シリーズの導入によって車種の拡充を図ろうとしたが結局失敗に終わっている。さらに，1968年には36種にのぼる試作車を公開しているが，いずれもビートルの後継車たりえなかった。

60年代に入って，にわかに危機感が高まった最大の理由は，西ドイツ国内市場でVWの販売実績がはじめて前年度よりも減少したからである。ノルトホフの戦略に対して，社内からＴ型フォードの過ちを繰り返すものという批判が出たのはこの頃であった。しかし，1964年にはビートルの販売台数が若干回復したために（図１－２－３参照），1965年のフランクフルト自動車博覧会で当初予定されていたビートルの後継車の展示は中止された。先にビートルの上級車種として導入されたVW1500の年間販売台数が予想をかなり下回ったことが，首脳陣の態度を消極的にした原因である。

60年代を通じて，毎年ビートルのマイナー・チェンジが続けられたが，独特のボディ・スタイルを除けば，当時の競合車種と比較して性能面でとくに優れている点はなくなった。国内販売価格については同クラスの乗用車よりもまだかなり低価格であり，それが競争上の利点であったが，度重なる改良の結果，市販価格は年々上昇した。1965年以後，ビートルの国内シェアは再び減少しはじめ，1968年にやや好転したものの，ついにノルトホフ在任中に回復することはなかった。

VW 社にとって唯一の明るい材料は，対米輸出が依然好調であったことで，60年代はアメリカ市場への日本車の本格的進攻が始まる前であったから，ビートルは他の欧州車はもちろん，既述の米国産小型車のシェアをも上回っていた。その結果，国内市場での不振もあってVW社はアメリカ市場への輸出依存をますます強めたが，このことが70年代に経営危機に陥る１つの原因となった。

経営戦略の転換は，すでに危機を迎えてからでは遅いといわれるが，60年代のVW社においては，１車種量産の限界が認識されて，経営首脳も技術陣もともに後継車開発の必要性を認め，この時期には新型車開発の余力も十分にあり，実際にVW1500シリーズが導入されたにもかかわらず，結局ビートル依存の戦略から脱却できなかった。また，１車種量産といっても，ノルトホフ時代に現われた車種は10種類あり（図１-２-４），なかんずくトランスポーターはVW社の売上に大きく貢献しており[12]，フルライン体制への移行は当時でも容易ではないであろうが，けっして不可能ではなかったと思われる。しかし，トランスポーターはワゴンに似た特殊な小型バスであって，どちらかといえば商用車として利用が多いと思われるから，乗用車のような規

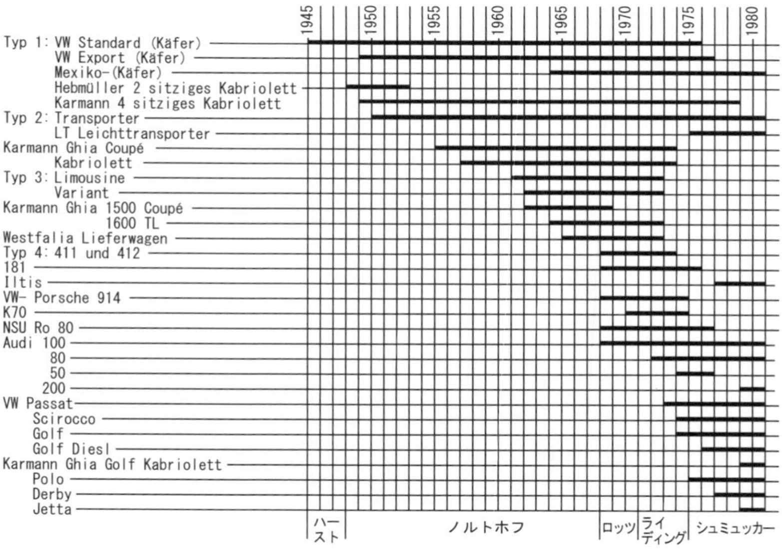


図１-２-４　VW主要モデルの生産期間

（出所）J. Sloniger, *Die VW-Story*, Stuttgart 1981, S.287.

模の量産は到底のぞめない。フルラインへ移行するとしてもやはりビートルに替わる新型車が必要であった。

何故，経営首脳や技術陣の努力にもかかわらず，ビートル依存の戦略を転換することができなかったのか。1965年に予定していた後継車の発表を中止したノルトホフの決定は，新主力製品開発に失敗した後のビートルへの回帰であった。

ミンツバーグは，VW 社の60年代における戦略転換が困難になった理由を，「ゲシュタルト戦略」という概念によって次のように説明している[13)]。

「ゲシュタルト戦略」とは，オリジナリティがあると同時に，戦略全体を構成している諸部分の間に強固な統合性がある戦略をいうが，長期間にわたって1つの戦略がとり続けられ，しかもその戦略の成功が大きければ大きいほど，それは「ゲシュタルト戦略」の性格を帯びる。戦略におけるオリジナリティというのは，企業がその戦略によって競争市場のなかでマーケット・ニッチを確立していることを指す。60年代前半までのアメリカ乗用車市場におけるビートルの優位は，製品面および販売面におけるそのオリジナリティによるものといってよい。

さて，「ゲシュタルト戦略」のもう1つの特徴である戦略全体の強固な統合性とは，製造技術，生産システム，製品，販売組織，人材および伝統などの戦略の具体的な構成部分が相互に緊密に統合されており，一部分を変更すると全体の統合性が失われる状態をいうが，この点は「ゲシュタルト戦略」の強味であると同時に弱味でもある。その弱味は，戦略転換が必要になったときに現われる。

VW 社はビートルの販売不振によって1車種量産体制を維持できなくなり，従来の量産体制を支えてきた巨大な業務執行体や技術をそのまま生かせる新製品を開発しようとしたが，それは経営者が戦略全体の統合性を損うことを最も恐れたからである。一部分を変えれば，すべてを変えなくてはならない。そのために過去の投資を無駄にするばかりか，新たな投資をも必要とする。大幅な人員削減も簡単にはできない。その際，経営者が最も容易に選択しうる方法は，ビートルの成功を新型車によって再現することであったが，新型車にはビートルのオリジナリティもなく，そのような試みは悉く失敗した。後述するように，ついにVW社においても，ビートルの成功は１回性のもので再現不可能であるという結論が下されるに至った[14)]。

「ゲシュタルト戦略」は統合性が一度失われると再現不可能となる。50年代は，「ゲシュタルト戦略」たるビートル戦略の強味が出た時期で，60年代はその弱味が出た時期といえよう。60年代の新型車開発が失敗に終わった理由は，すでに統合性が失われた「ゲシュタルト戦略」を維持する方向で開発が行われたからであると考えられる。

もちろん，単に以上のような消極的理由だけで60年代のVW社の動きを把握することはできない。この時期，ビートルは確かに西独国内市場においては不振であったが，前述の対米輸出をはじめ，海外輸出は好調で，需要増加に対応するために1964年に輸出用自動車組立工場の建設を計画し，立地を輸出基地の港に近いエムデンに決定した。エムデン工場の建設によって生産能力が14%増大したといわれる。同年，生産コスト上有利なメキシコに現地生産子会社を設立している。またこの年，VW社はやはりビートル増産を目的として，ダイムラー・ベンツ社からアウト・ウニオン社の50%の株式を買収し，残りも1966年までに段階的に取得して子会社とした。ビートルは，このアウト・ウニオン社のインゴルシュタット工場で1969年まで生産されていたのである。後に，ビートルに替わる主力製品ゴルフを開発するのはアウト・ウニオン系の技術であるから，ここでアウト・ウニオンの沿革について若干述べておく必要がある[15)]。

アウト・ウニオン社は戦前の大恐慌の際，1932年にアウディ他４社によって結成されたトラストが母体になっており，戦後はその主要工場の大部分がソ連の占領地域に位置していたために，西独国内にわずか４つの支店を残すのみとなった。占領地域にある工場は，1946年にすべて解体されたが，1949年９月，アウト・ウニオンの旧幹部が，インゴルシュタットの地に（新）アウト・ウニオン有限会社（資本金300万マルク）を再建した。その翌年には，戦災によって破壊されたラインメタル・ボルジッヒ社（Rheinmetall-Borsig AG）の工場を賃借して細々と操業を開始した。

1958年，欧州経済共同体の成立に伴う関税障壁の域内撤廃が現実の問題となるに至り，イタリアおよびフランス車の西独大衆車市場への参入が脅威となりつつあったが，これを契機として西独自動車業界に再編成の動きが現われ，事実，ベンツ，BMW，アウト・ウニオン３社統合案もダイムラー・ベンツ社の大株主等によって検討されたのであるが，最終的にはベンツ社は中級車種部門を中心とする量産車生産への進出の足掛かりとして，アウト・ウニオン社の買収を決定し，BMW の合併は断念した。

アウト・ウニオンはベンツ社の傘下に入ってから，インゴルシュタットで独自に開発した中級車種 DKW ジュニアの量産を1959年に開始し，1961年にはインゴルシュタット工場を拡張している。

しかし，1962年から翌年にかけての冬に，ドイツは異常寒波に見舞われ，DKW ジュニアに使用されていた２サイクル・エンジン用のピストン潤滑油が凝固してピストンが動かなくなる故障が起き，ユーザーに敬遠されて大きな欠損を出した。その結果，従来量産車種の生産には批判的であったベンツ社の経営陣の一部は，生産計画の重点を中級車種へシフトすることがダイムラー・ベンツにとって本当に有利かどうか疑問視し始めた。アウト・ウニオンの累積赤字は1965年迄に1.2億マルクにのぼった。

ベンツ社は商用車部門拡大のための資金を必要としていたこともあって，当時ちょうど増産用の工場を求めていたVW社と交渉を進め，アウト・ウニオンの売却を決定したのである。これにより，VW 社は新工場建設に要する巨額の投資を軽減し，同時に労働力も確保することができた。

以上のように，VW 社によるアウト・ウニオン買収の主目的はビートル増産にあった。しかし，もちろんそれだけが目的ではない。前述のように，ビートルはインゴルシュタット工場で1969年まで生産されていたが，その後アウディ社は独自に開発した車の生産に特化し，VW の製品多様化の推進力となってゆく。アウト・ウニオン社買収の時点で，VW の経営陣がそのことを予期していたかどうかは疑問であるが，少なくとも７年間ダイムラー・ベンツ社の傘下にあったアウト・ウニオンの技術に期待していたことは間違いない。低廉な量産車種の生産に特化してきたVW社の技術と，高価格な高級乗用車や大型トラック・バスの生産に特化してきたベンツ社の技術とはそれぞれ異なる特質をもっている。後にアウディがVWの上級車種を補完することになるのも故なしとしない。

60年代のVW社は西ドイツ国内の業績不振を輸出促進によって補うことで「ゲシュタルト戦略」を維持することができたが，好調な輸出が結果的には後継車開発を遅らせ，VW社は戦略転換の機会を失ったのである。

### ⑵ ロッツの先駆的役割

ノルトホフの死後に残された課題は，当然新型量産車の開発であった。1961年以降ビートルの国内需要は徐々に減少しはじめ，60年代末にはアメリカの小型乗用車市場においても，米国産サブコンパクト・カーや日本車の攻勢によって，ビートルのシェアは低下し，70年代に入ると，この傾向はより顕著になる（図1－2－5参照）。

クルト・ロッツはこのような時期にノルトホフ社長の後任として1967年に入社し，1968年4月，ノルトホフの急死によって社長に就任した。

ロッツはVW社に入社するまではマンハイムにある総合電機メーカーBBC社（Brown, Boveri und Cie AG）の社長であり，自動車関係の仕事とは無縁であった[16)]。当初の予定では，ノルトホフの下で副社長として十分な経験を積むはずであったが，入社後わずか1年で社長の重責を負うことになった。ロッツの社長時代においても会社の業績はなおビートルの売り上げに依存していたが，すでにビートル中心の戦略が限界にあることは明白であった。しかし，彼には1車種量産から脱却するためのガイドラインがなかった。

沿革において述べたようにロッツの社長時代は短いが，彼は短期間に一見無方針とも思われる諸施策を次々に打ち出している。それらの諸施策はほぼ3種類に分けることができる。

第1の種類はノルトホフ時代からの1車種量産戦略の延長線上にある施策であり，1302，1302Sなどの新型ビートルの発売はこの例である。

第2の種類はビートル依存型の単一モデル政策から脱皮するために，ポル

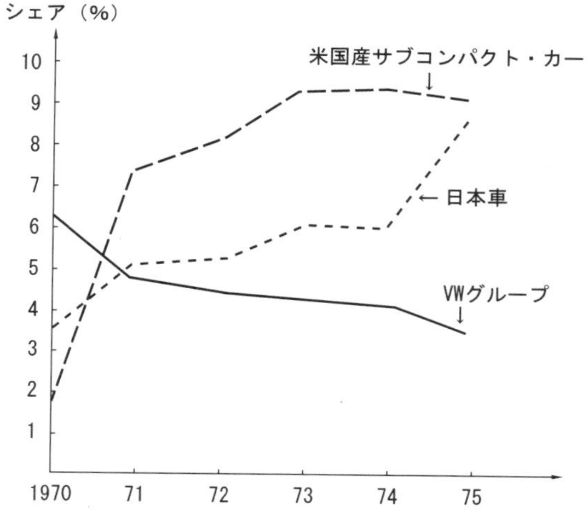


**図１-２-５　米国市場におけるVWグループのシェア推移（1970年以降）**
（出所）Meffert, 1977, S.12.

シェやピニンファリナとの協力関係を強化することによって進められた製品多様化の施策である。このうちとくにビートル後継車開発をはっきりと意識した施策としてポルシェの設計になるミッドシップ車EA266シリーズの開発計画を挙げることができるが，やはりリア・エンジンの技術を基本としていた。その他に後述する411などもこの種の施策に属するであろう。

第３の種類は，やはり広い意味の多様化の施策の一環ではあるが，より長期的な展望のもとにロッツ独自の構想を具体化したと思われる一連の施策である。もちろん，ロッツの構想といっても公式に発表されたわけではないので全くの推測にすぎないが，例えばロッツによるNSU買収はVWとダイムラー・ベンツとの将来の合併への布石であったという見方もある[17)]。実は，この類の推測はノルトホフ時代にもあり，1966年６月にVWとダイムラー・ベンツとが共同出資して，電装品やバッテリー関係の研究開発を目的とするドイツ自動車会社（Deutsche Automobilgesellschaft mbH）をハノーバーに設立したときも，新聞社はこの新会社がVWとダイムラー・ベンツとの統合の核となり，やがては両社が合併してドイツ・アウト・ウニオン（Deutsche Auto Union）が結成されるという見解を発表したが，両社の関係はその後次第に疎遠になっていった[18]。

したがって，ロッツの場合もどの程度の長期的展望があってNSUを買収したのかは分からないが，いずれにしてもNSU買収をはじめとする，ロッツの第３種に属する一連の多様化の施策が，結果的にVW社の将来の戦略に決定的な影響を与えたことは間違いないといえよう。

ロッツの時代は，VW社の成長期から停滞期にさしかかる，いわば過渡期であったから，以上のように様々な性格をもつ現状打開策が散発的に実施された。多様化という漠然とした方向に沿って，一時しのぎの対策とビートルの後継車の模索とが並行して進められたのである。

ロッツの諸施策のなかで，ビートルの後継車の開発につながるものは，いうまでもなく上記の第３の種類の施策であり，その内容は次の２点に要約できる。１つは，技術面における方向転換であり，もう１つはアウト・ウニオンとNSUとの合併である。

まず，技術面における方向転換について述べよう。周知のように，VWの主力車ビートルの基本設計は空冷水平対向４気筒エンジンのR・R（後部エンジン・後輪駆動）方式を採用し，VW社はこの原型をほとんど変更していない。空冷エンジンについては，寒冷地ドイツにおける国民車という性格を考慮して，野外駐車時の凍結を防ぐために，ヒットラー自身が設計者ポルシェに指定したといわれる。しかも，ビートルの場合は全長が短いので，リア・エンジンに向き，空冷が容易であると考えられた。

このようなユニークな基本設計は，ビートルの個性的なスタイルとともに広範なユーザーの支持を得ていたのであるが，ビートルの需要が減少しはじめると，空冷リア・エンジン車全体の市場規模も縮小していった。

これに対して，F・F（前部エンジン・前輪駆動）方式は，当時シトロエンやBLが採用しており，エンジンも水冷式が一般的であった。前輪駆動車の最大の利点は走行安定性にあり，安全性も高い。とくに高速走行時の横風安定性という利点が，高速道路網の整備にともなって前輪駆動方式の普及を促した。

ロッツをはじめ，VW 社の経営陣は，空冷 R・R 方式から水冷 F・F 方式への技術転換の必要性を認識していたが，従来同社には F・F 技術の蓄積がなかった。結局，VW 社はアウディ・NSU から水冷 F・F 技術を吸収することになるが，この技術の方向転換に際して，VW 技術陣の果たした役割も決して小さくなかった。

VW 社は，1967年からルーネブルク地方のエーラレシェンに，ヨーロッパ最大規模の自動車テスト・コースを建設していたが，エルンスト・フィアラ（Ernst Fiala）を中心とするロッツ社長時代の VW 技術陣は，ここで実験安全車 ESVWI の開発に取り組むことになった。

フィアラは1970年に入社し，以後 VW 社の技術部門を統轄することになるが，一時はダイムラー・ベンツのテスト部門に籍を置いたこともある。

フィアラが入社した当時の技術的課題の１つは車の安全性を高めることであり，世界の主要自動車メーカーが実験安全車の研究を進めていた。上述の ESVWI は安全性の試験と将来の量産車の研究用に開発され，エーラのテスト・コースで実験が重ねられた。ESVWI にはリア・エンジンの設計のものとフロント・エンジンの設計のものとがあり，エーラでの実験車走行テストは，F・F 方式への方向転換に技術的な基礎を与えたのである[19)]。

また，フィアラは最先端技術の試験場としてエーラのテスト・コースを完成したが，それは増産と品質維持とを至上命令とする生産効率重視型の研究開発体制から，先端技術開発に積極的に取り組む姿勢への方向転換を意味するものであった[20)]。そのフィアラの仕事がロッツの時期に開始されたことは注目すべき点である。

第２のアウト・ウニオンと NSU の合併は，前述の技術の方向転換を決定的にした。両社の合併はロッツの決断によるものであるが，その直接の意図は，当時 NSU で開発していた新型車 K70と NSU のロータリー・エンジンの技術を獲得することにあった。両社の合併後の正式社名はアウディ NSU アウト・ウニオン Audi NSU Auto Union AG（以下アウディ NSU と略記）となった。

NSU は古い伝統をもつオートバイ・メーカーで，1950年代には同業界で世界最大のメーカーとなった。しかし，自動車部門における同社の名声は，世界初のロータリー・エンジン車の開発によって得られた[21]。

現在でも，内燃エンジンとして実用化されているのは，NSU のヴァンケル型ロータリー・エンジンだけであり[22]，ダイムラー・ベンツ社も NSU のロータリー・エンジンの特許を使用している。ロッツの NSU 買収によるアウト・ウニオンとの合併が，アウト・ウニオンもベンツから買収した企業であることから，VW とベンツとの合併への第１段階であるという憶説を生んだことは先に述べた。

NSU でロータリー・エンジン専用に設計された世界初の自動車は，1962年に発表された Ro80である。同車は発表後，ヨーロッパ・カー・オブ・ザ・イヤーに選ばれるなど，専門家の評価は高かったが，販売は不振であった。その原因は，Ro80がロータリー・エンジン車の特徴として高速性には優れているが，日常の実用車としては不向きであったことにある。初期にはエンジン自体のトラブルも多く，ユーザーには不評であった。

Ro80の販売不振によって，NSU がシトロエンと共同で進めていたコモーター計画といわれるロータリー・エンジンの開発計画が挫折し，NSU は計画を続行するための資金援助を受ける条件で VW の傘下に入ったが[23]，ロータリー・エンジンの特許権は1980年代に入るまで手放さなかった[24]。

NSU 買収のもう１つの理由は，NSU の新型車 K70を VW の製品として発売することにあった。ロッツ等，VW 社の経営陣が技術転換の方向を水冷Ｆ・Ｆ方式にもとめていたことは既述の通りであるが，K70はこの水冷Ｆ・Ｆ車であった。K70はロータリー・エンジン車ではなく，VW 社がすでに市販していた空冷リア・エンジン車の411と車格が類似していたために，両車が市場で競合する可能性があったが，ロッツはその内部競争を望んでいたといわれる[25]。

K70は VW 社から発売された最初のＦ・Ｆ車として有名であるが，後述のような新工場建設にともなう様々な理由から製造コストが高くなり，量産車としては採算がとれなかった。事実 K70の生産の低迷がロッツの辞任理由の

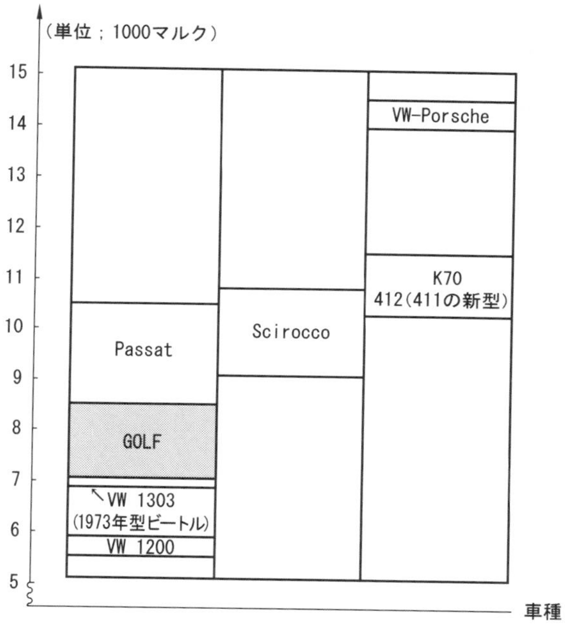


**図1－2－6　VW製品の価格レーンジ（1973年７月17日現在）**
（出所）H. Meffert; *Marketing, Einführung in die Absatzpolitik*, 6. Aufl., Wiesbaden 1982, S.628.

１つになった。

われわれは，便宜上ロッツの諸施策を３種類に分けたが，ロッツ自身は特にどの施策に重点を置いたというわけではなく，とにかくできる限りのことはやってみる姿勢ではなかったかと思われる。それは，411とK70とをほぼ同時期に，同じVW車の車として市販したことに端的に現われている。K70の販売価格は411よりも若干高かったが（図１－２－６参照），両者は同クラスの車であり，既述のように，ロッツは敢えて内部競争をさせることでユーザーの反応を知ろうとしたと考えられる。結果的にK70はユーザーの支持を得られず，411よりも短命なモデルに終ったが（図１－２－４参照），今日K70はVWの新世代車の先駆となったモデルであるといわれており，モデル自体に問題があったというよりも，むしろ原因は別にあった[26)]。

ロッツの諸施策に明確な一貫性がないのも，彼が水冷Ｆ・Ｆ方式への技術転換に的を絞ることができず，それを幾つかある選択肢のうちの１つと考えていたためであろう。したがって，彼の諸施策はわれわれに場当り的な印象を与えるのであり，いわゆる第３の種類に属する彼の施策が明らかにビートル後継車開発の布石となったにもかかわらず，ロッツの功績はその後あまり評価されなかった[27)]。

短期間に実施されたロッツの一連の対策のなかでも，われわれが第１および第２の種類に含めたものは，VW 社のその後の戦略にほとんど影響を与えなかったが，現時点から見て一概に不要な対策であったと断定することはできない。すなわち，ロッツの諸施策の失敗は，戦略選択に際して多様化の方向を１本に絞るように作用したと考えられる。

ロッツの後任となったライディングが，ビートルにとらわれず，的を絞った戦略を展開しえたのも，先行するロッツの諸施策の失敗があったからであり，その全社的な学習効果によるものである。それはいわゆる消去学習であって，技術面でいえばビートルの基本設計の否定に至る過程であり，販売面ではビートルのマーケット・ニッチが完全に失われたという共通認識が社内に伝播する過程である。

もちろん，戦略転換にはつねに摩擦や抵抗がともなうが，もしもVW社にロッツ時代の経験がなければ，ライディングによる急激な基本戦略の転換は実現不可能であったろう。

最後に，ロッツには上述の製品多様化の諸施策以外のもう１つの業績として，1969年９月に本社所在地ヴォルフスブルク近郊のローデに幹部社員のマネジメント・トレーニングを目的とする研修所ローデハウス（Haus Rhode）を開設したことが挙げられる[28)]。このローデハウスも１車種量産戦略を基軸とするVW 社の従来の経営方針に対する反省から設置されたものとすれば，人事管理面における多様化政策の一環と考えることができる。なお，同研修所は次のライディングの時期に閉鎖状態に置かれていたが，ライディングの後任シュミュッカーは，1974年の経営危機の教訓から，幹部社員の教育機関

表１－２－１　VW グループの業績推移（1968年～1977年）

| | 1968年 | 1969年 | 1970年 | 1971年 | 1972年 | 1973年 | 1974年 | 1975年 | 1976年 | 1977年 |
|---|---|---|---|---|---|---|---|---|---|---|
| 販売台数（1000台） | 1776 | 2087 | 2207 | 2317 | 2196 | 2281 | 2052 | 2038 | 2142 | 2240 |
| 売上高（億マルク） | 117 | 139 | 158 | 165 | 160 | 170 | 170 | 189 | 214 | 242 |
| 税引後純利益（100万マルク） | 540 | 480 | 407 | 147 | 206 | 330 | △807 | △157 | 1004 | 419 |
| 売上高利益率（%） | 4.6 | 3.4 | 2.5 | 0.8 | 1.2 | 1.9 | △4.7 | △0.8 | 4.6 | 1.7 |

（出所）VW 社各年次事業報告書より作成。

としてローデハウスを再建した。

さて，すでに指摘したようにロッツの戦略的行動には明確な方針が認められない。彼にはビートル後継車の開発が必要なことは分かっていたが，どの方向に新車開発を進めるべきかを判断する材料がなかったために，実に様々な対策によって１車種量産からの脱皮を試みている。そのなかにはノルトホフ時代に計画されていたものをロッツがそのまま受け継いだ施策もあるが，それ以外のロッツの諸施策は事前に明確な方針がなく，多様ではあるが場当り的であるといわねばならない。

かりに，NSU の買収や水冷Ｆ・Ｆ方式への技術転換が，ロッツの長期的構想に基づくものであるとしても，それらが上述の第１および第２の種類の諸施策と並行して実施されていることは，ロッツの無方針を示しているといえよう。しかも，VW 社のその後の製品戦略に決定的影響を与えたＦ・Ｆ方式の採用でさえ，K70の失敗によって成功には直結しなかった。

ロッツの諸施策は何ひとつ具体的な成果を上げえないうちに，ロッツ自身の解任によって放棄された。ロッツ解任の直接の理由は，1971年の VW グループの販売台数および売上高が史上最高であったにもかかわらず，同年度の純利益が，前年度の４億７百万マルクから１億４千７百万マルクへ64％も激減したことにある（表１－２－１参照）。これは主として新工場建設にともなう生産コストの増大によるものであるが，同時期にマルクが再評価されたことも減益の一因であった。マルク高によって輸出価格が上昇したため，VW はアメリカ市場における販売競争でも不利な立場に置かれた。

さらに，監査役会は，① NSU の吸収合併がアウディの業績回復を遅らせたこと，②多額の投資にもかかわらず，K70や EA266をはじめ，一連のビートル後継車開発に失敗したこと，などはロッツの経営責任であるとして不満を表明した[29]。しかし，先にもふれたように，少なくとも②については，ロッツの責任というよりも，むしろ監査役会の決定に問題があった。

1971年10月１日に，ライディングがロッツに代わって社長に就任したが，ライディングは，新任者が前任者の残した仕事に対してしばしば冷淡であるように，就任後直ちに EA266計画の中止を決定した。

しかし，ロッツ時代の経験は，その後の戦略の選択範囲を特定する上で大きな学習効果をもたらしたと思われる。既述したように，F・F 方式への技術転換の端緒は，すでにロッツ時代にあった。

世界の自動車会社の歴史を見ても，ライディングがVW社で行ったような急激な製品戦略の転換は未曽有のことであり[30]，彼がVW 社の監査役会や取締役会における複雑な利害対立を強引に抑えて一貫した「アウディ戦略」を展開しえたのも，ロッツ時代の経験がなければ考えられないことである。われわれは，この点にロッツの先駆的役割を認めなければならない。VW 社の戦略転換は，ロッツの無方針の多様化施策をもって開始されたといえよう。

## 2. ライディングの「アウディ戦略」

### (1) 「アウディ戦略」の展開

ロッツは的を絞った戦略を展開しえなかったが，後任のライディングは躊躇することなく一つの方向を選択した。それはアウディ系の技術を基軸に新車開発を進め，車種構成を豊富にしてフルライン体制を実現することであった。

１車種量産政策からフルライン政策への移行は，VW 社の経営陣が第２のビートルの開発を断念した結果に他ならない。この点については後述するが，政策転換の背後には，単一車種でビートルの場合のような量産規模を達成することはもはや不可能であるというロッツ以後の経営陣に共通する認識があった。

もちろん，ライディングの課題は新型量産車の開発であったが，それはあくまでも多種製品ラインの導入を前提とした量産車種の開発を目指すものであった。

ライディングが新型量産車の開発にあたってアウディ系の技術に大きく依存した消極的理由として，ロッツおよびVW本社技術陣による新車開発の失敗の教訓があるが，さらにその積極的理由として，ライディング自身の経歴を挙げることができる。

ライディングは戦後間もなくVW社に入社し，1964年にVW社がダイムラー・ベンツ社からアウト・ウニオンを買収すると，翌年彼は同社の社長に就任し，業績不振で財務状態が悪化していた同社の再建に成功した。その後，彼はVWグループの海外での重要な生産拠点となっているブラジルVW社の第２代社長となり，1969年にアウト・ウニオンとNSUが合併してアウディ・NSUが誕生すると，再び彼はインゴルシュタットに戻ってこの新会社の経営に当った。1971年にはロッツの後任としてVW社第３代社長となったことは前述のとおりである[31)]。

以上の経歴が示すように，現社長（1987年時点）カール・ハーンを除けば，歴代社長のなかでは唯一人のVW生え抜きの社長であった。しかも彼にはノルトホフと若干共通する点があった。

ノルトホフが「ヴォルフスブルクの王」（König von Wolfsburg）[32)] といわれたように，ライディングも独裁者タイプの経営者であった。また，前任者ロッツが財務部門出身であったのに対して，彼は生産管理が専門であり，技術者のノルトホフと同様生産面を重視した。彼が海外生産を重視し，米国での現地生産を企図したのも生産コストに関するその高い関心の現われであった。

ライディングは確かにVW生え抜きの社長といえるが，1965年以降アウト・ウニオンの再建に当るなど，アウディ系の技術に深くかかわってきた。その間，彼はアウディNSUの技術開発力に注目したと思われる。同時に，その経歴が示すように，彼は子会社の経営者の立場でVWの技術をなかば外から眺める機会に恵まれた。

ロッツ時代にVW本社の技術陣やポルシェの設計者がビートル後継車開発に失敗した後，後任のライディングがアウディ技術陣を主力に新車開発を積極的に推進した点は，上述のような彼の経歴を抜きにしては理解しえない。なぜなら，ロッツの後継者に残された選択肢は必ずしもアウディ系1本ではなかったからである。すなわち，ポルシェとの協力によってEA266計画を続行することもできたし，本社技術部門に再度機会を与えることもできた。当時，フィアラに率いられた本社技術陣が，エーラのテスト・コースを中心に先端技術開発に取り組んでいたことは，すでに指摘したとおりである。

さて，われわれは，アウディ系の開発車群を基軸に展開されたライディングのフルライン政策を「アウディ戦略」と呼ぶことにしたい。

1973年にVW社から発売されたパサートは，アウディNSUの開発車アウディ80をベースにしたVWの最初の新世代モデルであった。アウディNSUは，アウディ80を出す前の1968年に，同社再建の基礎となった名車，初代アウディ100を開発しているが，このアウディ100に自信を得た同社の技術陣は，開発中の次のモデルをVWの新型車とすることを提案したが[33]，当時VW社ではビートル後継車開発を目指すEA266計画が進行中であったために，この提案は退けられている[34]。

しかし，ライディングがVW社の社長となると同時にEA266計画は中止され，1972年にアウディ80が発表されると，その翌年にはアウディ80のVW版であるパサートが登場した。

このパサートは，あらゆる点でVW社の技術転換を象徴するモデルであった。パサートはアウディ系の開発車がベースであるから，水冷F・F方式を採用していることはもちろんであるが，エンジンについてもアウディがベンツ・グループの翼下にあった時代に，ベンツ社から同社へ移った技術者たちの開発になる高性能エンジンを搭載していた。

アウディにおけるベンツ系技術者の貢献はきわめて大きいが，なかでもルートヴィヒ・クラウス（Ludwig Klaus）はライディングとともに「アウディ戦略」の技術面における実質的な推進者であった。ライディングは，アウディの新車開発を全面的にクラウスに任せており，EA266計画の廃棄もクラウスの助言によるものといわれる[35)]。パサートに搭載されたエンジンは，後のゴルフにも使われた。

パサート発売以後わずか1年ほどの間に，シロッコ，ゴルフ，アウディ50の4車種が相次いで発表され（図1－2－7参照），VWの新世代モデル群を形成したが，同時に生産コスト低減のために各モデル間の部品互換性が配慮された[36)]。

一方，ビートルの方は1974年に本社工場ヴォルフスブルクでの生産が打ち切られ，その主生産拠点がブラジル，メキシコ，ナイジェリアなど，労働コストの低い海外の子会社へ移された[37)]。また，表1－2－2は，総生産台数に

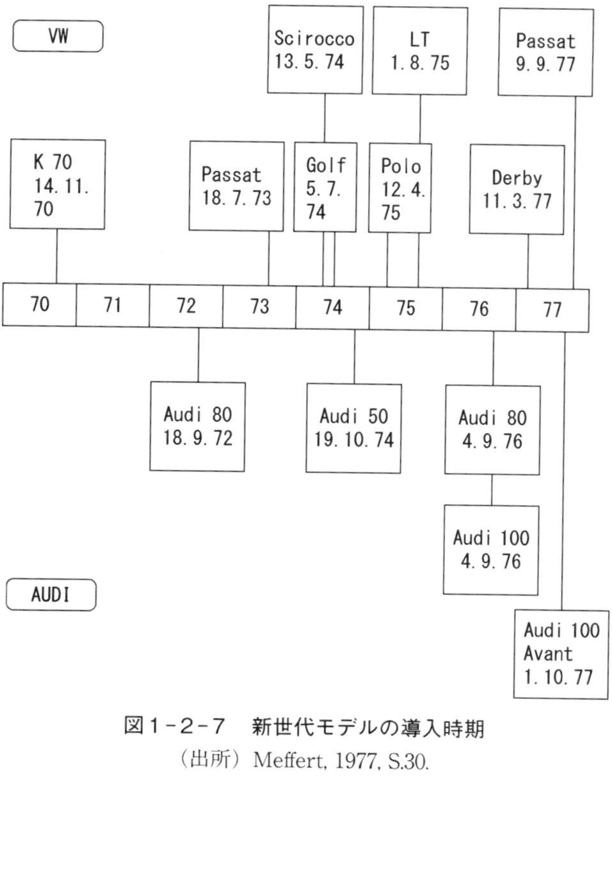


図1－2－7　新世代モデルの導入時期

（出所）Meffert, 1977, S.30.

占めるビートルの生産構成比率が年々減少していることを示しており，ライディングのフルライン政策は着実に実現されつつあった。

ところで，'73年から'74年にかけて登場した新世代モデル群のなかで，パサートとシロッコは，モデル・レーンジや価格がビートルよりも1クラス上の中級車種に属するが，ゴルフはVWの車種構成上明らかにビートルの後継車種に相当する。

ライディングの「アウディ戦略」のねらいは製品多様化であったが，とくに中級車種部門を補完することによってVWの車種別生産構成の不均衡を修正することにあった。この点において，ライディングがアウディ系の技術を選択したことはまさに適切であった。従来，アウディNSUの車種政策は，VWの大衆車路線とダイムラー・ベンツの高級車路線との間を埋める中間車種に重点を置くものであったから，中級車種開発は同社の本領といえる。

これに対して，ゴルフはアウディの単なるVW版ではなく，エンジン以外はすべて本社技術陣によって設計された。それはゴルフがビートルの後継車として開発された経緯があるからにほかならない。

ライディングの「アウディ戦略」は，当初はアウディ系の新型中級車種に

**表1-2-2　VW社における生産台数，輸出台数および売上高推移（1945～1973年）**

| 年 | 総生産台数 | 生産台数 | | | | | 輸出台数 | | VWグループ総売上高 |
|---|---|---|---|---|---|---|---|---|---|
| | VWグループ全体 | VW社 | ビートル | アウディ | NSU | 乗用車およびステーションワゴン | 総計 | 対米輸出（単位：千台） | （単位：百万マルク） |
| 1945 | 1,785 | 1,785 | 1,785 | — | — | 1,785 | — | — | 32 |
| 1950 | 90,038 | 90,038 | 81,979 | — | — | 81,979 | 29,387 | — | 405 |
| 1955 | 329,893 | 329,893 | 279,986 | — | — | 279,986 | 177,657 | 36 | 1,444 |
| 1960 | 890,673 | 890,673 | 739,455 | — | — | 739,455 | 489,272 | 167 | 4,607 |
| 1965 | 1,594,861 | 1,542,654 | 1,090,863 | 52,207 | — | 1,404,985 | 868,989 | 357 | 9,268 |
| 1966 | 1,650,487 | 1,583,239 | 1,080,165 | 67,248 | — | 1,459,114 | 978,776 | 412 | 9,998 |
| 1967 | 1,339,823 | 1,300,761 | 925,787 | 39,062 | — | 1,177,082 | 832,195 | 444 | 9,335 |
| 1968 | 1,777,320 | 1,707,439 | 1,186,134 | 69,881 | — | 1,523,401 | 1,128,701 | 569 | 11,206 |
| 1969 | 2,094,438 | 1,830,018 | 1,219,314 | 120,505 | 143,915 | 1,821,304 | 1,226,846 | 551 | 13,386 |
| 1970 | 2,214,973 | 1,989,422 | 1,196,099 | 165,872 | 150,643 | 1,926,926 | 1,207,326 | 570 | 15,113 |
| 1971 | 2,353,829 | 2,071,533 | 1,291,612 | 184,802 | 97,494 | 2,076,327 | 1,294,496 | 523 | 16,473 |
| 1972 | 2,192,524 | 1,895,192 | 1,220,686 | 238,479 | 58,853 | 1,897,592 | 1,137,093 | 486 | 15,996 |
| 1973 | 2,355,169 | 1,927,809 | 1,206,018 | 395,480 | 11,880 | 2,046,147 | 1,224,809 | 476 | 16,982 |

（出所）Meffert, 1977, S.7.

よる製品ライン多様化政策としか表現できないものであったが，ゴルフ開発の過程において一つの明確な行動パターンへ収斂するに至る。ライディングはゴルフを主力製品とするモデル編成方針をとり，本社工場でゴルフの量産体制を整備するために，前述の生産コスト削減対策を兼ねて，ビートルの生産拠点を海外へ移した[38]（図１－２－２参照)。1973年末の石油危機により売上高が急減したにもかかわらず，本社工場で大幅な増員が行われたことは，ライディングがゴルフに懸けていた期待の大きさを窺わせるものである（図１－２－11参照）[39]。

### (2)　ゴルフ開発

ゴルフ開発の過程については，1977年にミュンヘン大学マーケティング研究所のメフェルト（Heribert Meffert）教授等が，VW 社から委託されて行った事例研究がある[40]。

この事例研究によると，ゴルフの開発は，ビートルの文字通りの後継車開発を断念し，大衆車に関する新たな製品コンセプトを確立することから出発した。

新型車開発に要する期間は通常４年とされており，例えばアウディ80の開発に要した期間は３年半であったが，VW 社では新製品の導入までに表１－２－３のような開発段階が標準化されている[41]。

一連の開発段階のなかでも，「車両コンセプトの規定」と「生産計画」とが特に重要であり，その最終的決定は取締役会および担当取締役に委ねられている[42]。

ゴルフの場合，エンジン，駆動方式，スタイルなどの点については，アウディ系の新世代モデルの系列に属するので，製品開発における技術的問題はすでに大部分解決されていたと考えられるが，ゴルフのモデル・レーンジや生産規模に関するVWの車種構成上の位置づけ，他社の競合車種と比較した場合の独自性，それに伴う販売価格の設定等々は，なお未解決の問題であった。

まず，ゴルフの製品コンセプトを規定する要因として，ゴルフの車種構成

表1-2-3　VW社における新型車開発の手順

| 順序 | 開発段階 | 課題 | 所要期間 |
|---|---|---|---|
| 1 | 車両コンセプトの規定 | ・製品特性の明示<br>・販売価格<br>・スタイリングの条件<br>・競合車種との比較 | 6ヶ月 |
| 2 | 先行開発 | ・車両コンセプトの掘り下げ<br>・仕様書・図面の作成<br>（ドアの種類，ロックの方式，車軸の型など。） | 4ヶ月 |
| 3 | 試作 | ・モデル組立<br>・仕様書にもとづくプロトタイプ第1号製作<br>・プロトタイプのテスト<br>・プロトタイプの改善 | 9ヶ月 |
| 4 | 生産計画 | ・工具の調達（工作機械発注）<br>・需要調査（採算性）<br>・工程の設計<br>・予備運転（10台） | 22ヶ月 |
| 5 | 操業化試験 | ・生産工程のテスト | 6ヶ月 |
| 6 | 新製品ラインの導入 | ・パイプライン（Pipeline）<br>・最終的修正 | 3ヶ月 |

（出所）Meffert, 1977, S.28.

上の位置づけを見よう。

VW社は，当初ビートルに替わりうる量販車種の開発を目指していたが，ロッツやライディングの努力によって製品多様化には一応の成果を上げたものの，ノルトホフ時代の後期からロッツ時代にかけて，ビートル後継車の開発には失敗を重ねていた。その結果，VW社の経営陣は，ライディング時代になって一つの結論を出した。それは，ビートルがあらゆる意味で「1回限り（einmalig）」のものであって，ビートルに代替しうるような後継車を短期間に開発することは不可能であり，ビートルの後継車は，VW社の新たな主力製品（Hauptumsatzträger）ではあっても，二番煎じのビートルであってはならない，ということである。したがって，ゴルフはビートルに替わるものではなく，ビートルと並行して生産されるモデルである。

「一つの製品だけでビートルが果たした役割をすべて満たすことはできない。このことはマーケット・シェアについても，車のイメージについてもいえる。ビートルのユニークさ（Einzigartigkeit）は模倣できるものではなかった。」[43]

ビートルは低価格でありながら信頼性の高い大衆車として普及し，米国市場では「昆虫（bug)」を連想させるスタイリングから独特の製品イメージを確立した。もちろん，「経済的な高品質車」[44]という製品イメージはゴルフのコンセプトにも生かされたが，ビートルの購買者層は必ずしも低所得層に限られるわけではなく，社会的地位や職業も様々であって，車格を越えた個性をもつといわれる。

実際，ビートルは今日でも固定的なユーザー層があるVWの現役の車種である。これは，時代は異なるが，T型フォードには見られなかった現象であると思われる。先の報告書が模倣不可能としているのは，この「車格超越性」に他ならない。

したがって，ライディング以後のVWの車種政策の基本は，ビートルが失ったシェアを回復するためには，部品互換性をもつ複数車種によらなければならないということであった。

1972年から'73年にかけてアウディ80とパサートが発売されると，VWの国内市場シェアは，最盛期には及ばないが，24.9％から27.5％まで回復し，ライディングの「アウディ戦略」は成功したかに見えた。事実，パサートの成功がなければ，ゴルフ開発計画は途中で廃棄されていたであろう。

ゴルフの製品コンセプトを規定する，もう一つの重要な点は市場志向性である[45]。すでに見たように，ビートルは60年代後半からドイツ国内をはじめ欧米市場において急速にシェアを失いつつあった。

VW社の調査でも，従来保守的であると見られていたビートルのユーザーが，国内ではビートルと競争関係にあるオペル・カデット，フォード・エスコート，プジョー204などへ乗り換える傾向が顕著になった（図１-２-３参照)。さらに欧州市場への日本車の攻勢も加わって，性能面だけではなく，価格においてもビートルの競争力は著しく低下した。したがって，新世代モデルの主力製品であるゴルフは，なによりも市場競争力のあるモデルでなければならない。

製品の市場競争力を決定するのは，価格，燃費経済性，走行性能，安全性，アフターセール・サービスなど，実用性の優劣であることはもちろんであるが，同一モデルであっても，ユーザーの嗜好の多様化に合わせてバリエーションを豊富にすることが，量販車種を開発するための絶対条件と考えられた[46)]。これは，当時１本の製品ラインの生産効率を落さずに，オプションの装備を変えることによって製品多様化を可能にした，トヨタの「フルチョイス・システム」に近い考え方であった[47)]。ここにも，「ビートルの奇跡」の再現を期待しないゴルフ開発の姿勢を窺うことができる。

ゴルフは，エンジン，内・外装，装備品などの相違によって，表１-２-４に示されるバリエーションがあるが，表の GL 以下のモデルは開発段階では発売が予定されておらず，後に追加されたモデルである。とくに1976年に発表されたＤ（ディーゼル車）は，VW 社再興の基礎となったモデルである。

次の問題はゴルフの販売価格の設定であるが，VW 社では新製品の価格設定は利益計画に直接かかわるので取締役会の決定事項に属する。図１-２-６に示されているように，VW の車種構成におけるゴルフの価格レーンジは発売当初ビートルとパサートとの中間に設定された。これはゴルフがビートルの代替車種ではないというコンセプトに沿った価格設定と考えられるが，販売価格は同クラスの競合車種と比較しても若干高い（図１-２-８参照）。

表１-２-４　ゴルフのバリエーション

| モデル | エンジン | 装備* | ドア |
|---|---|---|---|
| N | 1.1 ℓ/50 PS* | Normal | 2 und 4 |
| L | 1.1 ℓ/50 PS | 1.Luxusstufe | 2 und 4 |
| S | 1.5 ℓ/75 PS | Normal | 2 und 4 |
| LS | 1.1 ℓ/75 PS | 1.Luxusstufe | 2 und 4 |
| GL+ | 1.1 ℓ/50 PS | 2.Luxusstufe | 2 und 4 |
| GLS+ | 1.5 ℓ/75 PS | 2.Luxusstufe | 2 und 4 |
| GTI+ | 1.5 ℓ/110 PS | GT-Sport | 2 |
| D+ | 1.5 ℓ/50 PS | Normal, 1.u.2. Luxusstufe | 2 und 4 |

* 1PSは0.986hp.
* 本表には具体的な装備内容は記されていない。

（出所）Meffert, 1977, S.26.

以上のようなコンセプトのもとに開発されたゴルフは，Ｆ・Ｆ方式の採用をはじめ，水冷横置きエンジン，角型のデザイン，２ボックス・ハッチバックなど，どれ１つをとってもビートルのイメージは全くない。ゴルフが，デザインにおいてもメカニズムにおいても，ビートルを否定することによって生まれたといわれる所以である[48)]。その後ゴルフの基本設計は世界の小型車の支配的デザイン[49)]となった。

ゴルフの発売までの開発期間は約３年，その間２億マルクにのぼる開発費が投入された[50)]。新世代モデルの主力ゴルフの登場によって，ライディングの製品戦略はゴルフ中心のモデル編成に収斂し，本社工場においてゴルフの量産体制が整備された。そのために，ビートルの主生産拠点が海外子会社へ移されたことは前述の通りである。

ミンツバーグの指摘によると，「アウディ戦略」[51)]は，ライディングがア

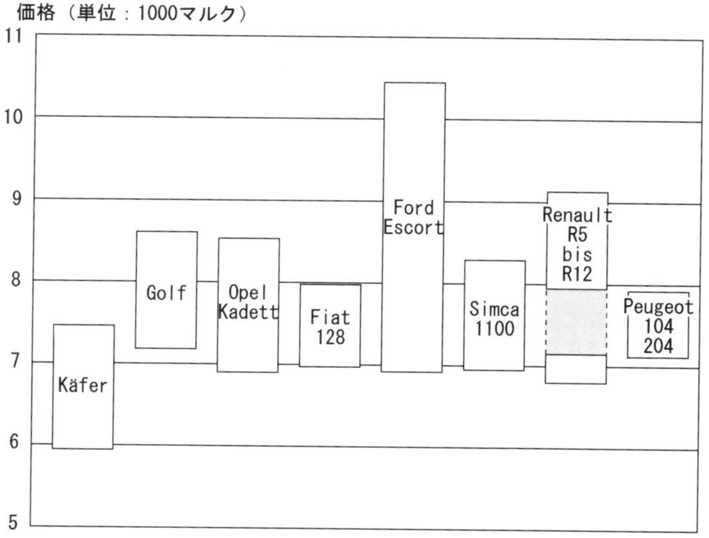


図1-2-8　西ドイツ国内におけるゴルフと競合車種との価格レーンジの比較（1973年７月17日現在）

（出所）Meffert, H., *Marketing, Einführung in die Absatzpolitik,* 6. Aufl., Wiesbaden 1982, S.629.

ウディ NSU の社長であった時期に，クラウスを中心とするアウディ技術陣によって創発的（emergent）に——あるいは偶発的に——形成されたが，ライディングがこれを VW グループ全体の戦略として展開したとき，デリバリット戦略（deliberate Strategy）となった。ここにデリバリット戦略とは，事前に明確な行動計画を立てることから開始された戦略が，計画通りに所期の成果を収めた場合を指していうのであるが，次項でも述べるようにライディングの戦略は中途で挫折しており，デリバリット戦略といえるのは，むしろライディングの後のシュミュッカーの戦略である。われわれの見解では，ライディングの製品多様化戦略は，創発的に生まれた戦略（ミンツバーグのいわゆる「アウディ戦略」）が成功を収めることによって，過去の経験が集大成され（ゴルフ開発），一定の行動パターンに収斂した，収斂的戦略（convergent strategy）[52] の事例であると考える。

次に，ゴルフの生産計画については，準国有企業としてのVW社の生産政策全般にかかわる問題なので，項を改めて述べることにしたい。

### (3) 経営危機と海外生産をめぐる利害対立

VW グループの1973年度の国内市場シェアは，アウディ80とパサートの好調な売行きによって漸く回復し始めたが，同年末の石油危機を契機として，'74年の自動車需要は急激に減少した。ゴルフ発売は，ちょうどこの戦後最大の自動車不況の時期に重なったが，ライディングは原油価格が高騰したときこそ小型経済車の需要が増大するという強気の見通しのもとにゴルフの量産に踏み切った。ライディング就任以降，新世代モデル開発のために投下された膨大な研究開発資金や新たな生産計画のための設備投資を回収するためには，ゴルフの販売に成功するより他に方法もなかった。

しかし，不況による自動車需要の激減で VW グループの'74年度販売台数は対前年比15％減となった（表１－２－１参照）。'73年までは利益は減少していたものの販売台数は着実に伸びており，'73年には利益も若干回復している。それが'74年には一転して８億７百万マルクの赤字を計上し，'75年までの累積赤字はほぼ10億マルクに達する。赤字決算自体がVW社創業以来初めてのことであった。

石油危機に伴う自動車不況が，VW 社にとくに深刻な経営危機をもたらした原因は，次の３点にもとめられる[53]。

①高賃金による生産コストの上昇。VW 社の賃金交渉は，同社と金属産業労働組合（I.G. Metall）との間で行われるが[54]，同社の公的性格から金属労組の影響力は非常に強く，すでに1968年以降，金属産業の平均賃金を17%も上回る高賃金となっており，しかも賃金以外の福利厚生費は金属産業全体のなかでも最高水準にある。このような高賃金によるコスト上昇は，不況時に過剰生産能力を生じた場合，製品価格に転嫁しなければならなくなり，価格競争力を著しく低下させる。

②ビートル偏重の製品政策。ロッツやライディングの製品多様化の努力にもかかわらず，1973年の時点におけるビートルの生産構成比は依然として50%を越えていた（表１-２-２参照）。さらに，従来 VW 社は事業の多角化にも消極的であったために，自動車不況の影響を分散させることができなかった。

③高い輸出依存度。VW 社は戦後間もなく海外輸出を開始して以来，とくに経営危機に至るまでの15年間は，年平均にして総生産台数の３分の２を海外で販売していた。西ドイツの機械産業は全般的に輸出依存度が高いので，この点はVW社だけに見られる特徴ではないが，同社の場合の顕著な特徴としてアメリカ１国への過度な輸出依存を挙げることができる。'73年には前年のドル切下げとフロート制への移行に伴って，米国市場での VW の小売価格が31%も上昇し，売上高が激減したばかりか売上高利益率も極端に低下した。マルク再評価と石油危機とが重なったことが，経営危機の直接の原因となった。

以上の３点が，VW 社の経営体質を硬直化させ，自動車不況への柔軟な対応を妨げたのである。

しかも，すでにノルトホフ死後に顕在化したVW社内の利害対立が，経営危機に直面して労使間の摩擦を一層大きくしたために，戦略転換をさらに困難にしたといえよう。これはVW社の特殊な事情によるものであるが，戦略と組織（制度）との相互依存関係を考える場合に一つの材料を提供すると思われる。

この利害対立はVW社の公的性格に根ざすものであり，見方によれば'74年の経営危機の根本原因であるということもできる[55]。

1960年の制度改革以降，VW社には少なくとも４つの利害集団が関与している。すなわち，連邦政府，ニーダーザクセン州政府，一般株主，被用者がそれである。各利害集団は，VW社の最高意思決定機関である監査役会へ代表を選出し，その代表を通じて企業の基本政策の決定や取締役の任免に関与する（図１－２－９参照）。

図１－２－９は1976年の新共同決定法成立以降の監査役会構成を示しているので，監査役が20名になっているが，経営危機の'75年当時は21名であった。このうち３分の１の７名が被用者代表であり，州政府および連邦政府の代表は各２名，残りの10名が株主代表であった。人数構成の上では被用者側が明らかに不利であり，一般株主代表10名に，さらにVWの最大株主として連邦政府および州政府（政府株は資本の40％）の４名を加えると，資本側代表は14名に達する。

しかし，問題は，資本側代表といっても政府代表の利害が株主代表の利害

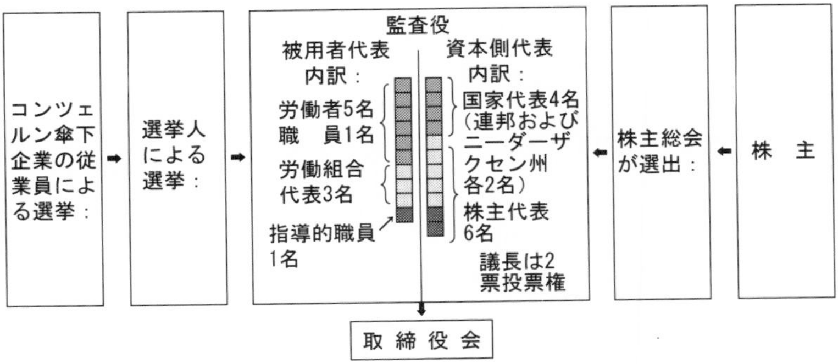


図１－２－９　1976年被用者共同決定法によるVW社の共同決定
（出所）徳永（編），前掲書，234頁。

とは必ずしも一致しないことである。ここに準国有企業としてのVW社の特殊な事情がある。それは，政府の利害が資本の利害ではなくて，むしろ政党の利害であるということであった。すなわち，当時，連邦政府も州政府もともにドイツ社会民主党（SPD）と自由民主党（FDP）の連立政府であり，しかもドイツ社会民主党の方が主導的であった。ドイツ社会民主党がドイツ労働総同盟（DGB）と緊密な関係にあることはいうまでもない。したがって，政府代表４名は被用者側に近い立場をとっていたと考えてよい。さらに，一般株主代表の監査役の中にも，銀行代表としてDGB傘下の協同経済銀行（BfG――Bank für Gemeinwirtschaft）の頭取が加わっており，監査役会における被用者側の利害代表は，実際には過半数の12名であったといわれる[56)]。それ故，VWの監査役会は「赤い監査役会」[57)] といわれていた。

また，連邦政府の立場と州政府の立場にも微妙な相違がある。従来，連邦政府は政権交替にかかわりなく，長期的な地域工業振興政策（Strukturpolitikといわれる）の一環として，西ドイツ国内の「未開発地域」へのVW工場の誘致を推進してきた。地域開発の道具としてVWを利用するという点では連邦政府と州政府の利害は完全に一致するが，地域工業化の利益を直接享受する州政府の方が，工場誘致に積極的となるのは当然であった。この点は，逆にいえば不況時の工場閉鎖や減産が地域経済＝州政府に与える影響はより直接的であって，州政府はVW社の経営状態の変化に対して，連邦政府よりも短期的見通しによって反応する傾向があることを示唆する。ロッツ時代に，ニーダーザクセン州のザルツギッター新工場の建設をめぐって同州政府の地域利害が表出したのは，この例である。

次に，一般株主の利害は主に企業の収益と利益配当にかかわるが，監査役会における一般株主代表はVW経営陣の意思を代弁する者であり，先の工場誘致をめぐるその立場は，地域経済の振興という点よりも，生産コスト削減のための世界的規模における生産工場の最適立地を目指すものであった。もちろん，これはライディングの生産政策の方針に他ならない。

被用者側の共通の関心は，高賃金の獲得と雇用の安定にあるが，一般従業員代表と労働組合（金属労組）代表との間には，やはり立場の相違が見られる。上述のように，VW 社の平均賃金は金属産業のなかでも最高であるが，これは協約交渉にさいしてVWを金属産業全体の賃金水準および労働条件のペース・メーカーにしようとする金属労組の戦術的意図の結果であった。したがって，賃金水準を下げることは，VW 1 社の問題にとどまらず，金属産業全体の賃金水準にかかわるので，最悪の場合，労組代表はレイオフの犠牲を払ってもVWの高賃金を維持する構えであったが，一般従業員代表には大量解雇を回避するためであれば賃金カットもやむを得ないとする意見もあったことが十分考えられる[58)]。

以上のような監査役会における各代表の利害の相違が，VW 社の歴代経営陣の政策に様々な影響を与えたことはいうまでもない。例えば，ロッツ解任の最大の理由は，NSU の新型車 K70の販売不振によって，K70量産のために建設されたザルツギッター工場への巨額の投資（建設費のみで6億マルク）を回収できなかったことにあるといわれるが，ロッツの NSU 買収に便乗する形で，ニーダーザクセン州ザルツギッターの地に K70の生産工場を新設することを主張したのは監査役会において発言権をもつ同州政府であり，むしろ責任は同州政府の主張を支持した監査役会に帰せられるべきであった。なぜならば，既述したように K70はVW の新世代モデルの先駆となった車であり，その点ではロッツの選択は正しかったからである。K70の生産計画にザルツギッター新工場建設案が付加されなければ，K70の販売不振による損失はもっと小さかったであろう。ちなみに，現在ザルツギッター工場は水冷式エンジンのみを生産している。

また，高賃金がVWの価格競争力を低下させていることは明白であったから，通常なら賃金カットもやむを得ないと考えられる時期（'70年）に，ロッツは17％もの大幅賃上げに応じている。これは，VW グループの '70年度の売上高が過去最高であったことにもよるが，売上高利益率は対前年比2.5％減，資本利益率に至っては前年度の NSU 買収の影響もあって22％も低下した時点での賃上げである。しかも，当時の監査役会において，この大幅賃上げに対する反対意見が出たという記録はないし，少なくとも表面上の対立はなかった[59)]。だが，労組代表の強硬な賃上げ要求があったことは明らかであり，経営側がこれに応じたのは，利益率は落ちたものの過去３年間の利益がともかくも10億マルクを越えていたため，労組の要求を拒む積極的理由がなかったからであるが，その背景として監査役会の大勢が被用者側寄りであったという事実を見落してはならない。

先に，われわれはロッツの諸施策が場当り的であることを指摘したが，これはロッツの政策が監査役会との妥協の産物であることを示している。

これに対して，ライディングは政策遂行にあたって監査役会との対立を回避しなかった。VW の平均賃金は'70年の大幅賃上げ以降も毎年８％～９％上昇していたが，ライディングは賃金コストを削減するために海外生産を重視した。ライディング在任中の'72年から'74年にかけてユーゴスラビアやナイジェリアなどで VW の CKD 生産が次々に開始されたのは，その現われであった。とくに，VW 社のような極端な輸出依存型企業は，マルク切上げを克服するためにも，従来の完成車輸出から現地組立，現地部品生産へと転換する必要があった。

しかし，海外生産の拡大は，西ドイツ本国での生産縮小とそれに伴うレイオフという犠牲を強いるなど空洞化の可能性があり，監査役会における労組側代表や政府側代表がこれに反対することは必至であった。

ライディングは被用者側寄りの監査役会の機先を制して，'74年春に賃上げ要求の抑制をもとめる旨の手紙を従業員各個人へ直接配布し，賃金コスト削減への協力を呼びかけたが，これによりライディングと監査役会副議長・金属労組委員長オイゲン・ローデラー（Eugen Loderer）との対立が決定的となった。さらに，同年夏，ライディングの米現地生産工場の建設計画が非公式に伝わると，ローデラーと州政府代表ヘルムート・グロイリッヒ（Helmut Greulich）は，この計画が監査役会の審議にかけられる前に，米工場建設案反対の立場を表明した。

ライディングは将来ゴルフも米国工場で生産し，グループ全体の総生産量に占める海外生産の比率を３分の１にまで高める予定であったが[60]，労組側と州政府側の反対がある限りは，ライディング案が監査役会の支持を得る見込みはなかった。

多国籍化を推進することによって，VW 社の経営基盤における①と③の問題点，すなわち高賃金による価格競争力の低下と，為替相場の変動に対して無防備の輸出依存的体質を克服しなければ，VW 社の発展はありえない。それは経営陣には自明のことであり，ゴルフの量産体制も最大の輸出先アメリカでの現地生産によってはじめて実現可能となる。

しかし，現地生産は短期的に本国での生産縮小をもたらす可能性があるため，州政府側はVW 社の将来の進路に関する長期的観点に立って対処することができなかった。その結果，連邦政府側との立場の相違が生じたことは否めない。ことにニーダーザクセン州においては，ヴォルフスブルク工場だけではなく，エムデン工場でもビートルとゴルフを生産していたので，州政府は地域利害に優先してまでゴルフの生産工場を米国に建設することには反対した。エムデン工場と元 NSU のネッカーズルム工場とは，VW の国内生産拠点のなかでもとくに労働生産性（従業員一人あたりの生産台数）の低い問題工場として以前から閉鎖の対象に挙げられていた[61]。

また，高賃金についても，労組側代表ローデラーの主張によれば，西ドイツの労働者は漸く最近（1968年以降）になってドイツの経済的繁栄を享受する立場に立ったのであり，たとえ一時的にもこの立場を放棄することはできなかった[62]。なかんずく VW は，ドイツの「経済的奇跡(Wirtschaftswunder)」の縮図であって，西独経済の復興に尽くした労働者の功績を象徴する存在であったから[63]，ローデラーは他産業の賃金水準への影響も考慮して，賃金カットに断固反対する構えであり，監査役会のメンバー以外に取締役の中にもローデラーへの同調者が少なからずいた。

ライディングと州政府側，労組側との緊張関係が続くなかで，VW 社は前述のように石油危機の影響などにより'74年に巨額の欠損を出し，経営危機に陥った。VW 社は雇用調整の必要に迫られ，'74年春以降人員削減に踏み切ったが，「大量解雇」には当然大きな抵抗が予想されるので，主として操短や希望退職による雇用調整が進められた[64]。人員削減と賃金問題をめぐる労使間の対立関係はもはや修復不能と思われるほど悪化し，政治問題に発展したが，経営再建のためにはこの二つの問題を避けて通ることはできなかった。'74年11月，事態を憂慮した連邦政府首相ヘルムート・シュミット（Helmut Schmidt）は，監査役会の人事に介入し，社長交代の布石として議長のヨーゼフ・ルスト（Josef Rust）の更迭を指示し，新議長に国有企業ザルツギッター鉄鋼会社（Salzgitter AG）社長ハンス・ビルンバウム（Hans Birnbaum）を推薦した[65]。

ビルンバウムは国有企業の経営者として監査役会内部の政治的利害対立にしばしば直面し，複雑な利害関係の調整や労働問題の処理に実績があった。ビルンバウム議長は，著しく政治化したVWの監査役会と協調して仕事ができる経営者として，ラインシュタール鉄鋼会社（Rheinstahl）社長のトニ・シュミュッカーを推薦し，同氏の起用に成功した。ライディングは社内の混乱を収拾できないまま，赤字転落の責任をとって1974年12月に辞任した。

VWの新世代車開発に画期的成果を上げたライディングも監査役会への政治的配慮を欠き，労組との間の溝を深めたために，ビートルの実質的な後継モデルといえるゴルフの量産を軌道にのせる前に，社長就任後わずか３年余で退任せざるを得なかった。

## ３．シュミュッカーの「ゴルフ戦略」

### (1)　経済車路線の継承

前述のように，VWグループは74年の経営危機に際して８億マルクを超える赤字を計上し，生産規模を縮小して大幅な人員削減を行わなければ，もはや倒産を回避しえない状態であったが，工場閉鎖や大量解雇に対しては州政府および金属労組の強い抵抗があった。

このような危機的状況において，シュミュッカーは1975年２月正式に社長に就任した。彼はかつてドイツ・フォード社の社員であり，見習工から購買担当重役にまで昇進したといわれる。その後，'68年に名門ラインシュタール鉄鋼会社の再建にあたり，１億５千万マルクにおよぶ赤字を一挙に解消し，その経営手腕を高く評価されたが，70年代に入ると同社は再度経営不振に陥った[66]。

しかし，シュミュッカーは鉄鋼業という共同決定制度の法的規制の大きな産業分野において労使間の意思疎通を図りながら，ティッセン（August-Thyssen-Hütte）との合併にこぎつけ，難局を乗り切った。シュミュッカーは，シュミット首相の意向もあって，VW の新社長となってから監査役会における連邦政府代表の全面的支援を得て，VW 再建に取り組むことができた。

就任当初，シュミュッカーはネッカーズルム工場の閉鎖を含む３万人の人員削減を検討していたといわれる。しかし，同工場の閉鎖には先の金属労組委員長ローデラー（前述のように彼は VW 社監査役会副議長である）が強く反対したため，新たにＳ１計画といわれる人員削減案が監査役会に提出され，被用者側代表７名の反対票があったが，14名の賛成票を得て可決された[67)]。Ｓ１計画の内容は，２年間で解雇，希望退職，早期年金化などにより，最終的に２万５千人の人員削減を行うというものであり，ネッカーズルム工場の閉鎖は計画から外されたが，結局40％の人員削減となった。また，このときにザルツギッター工場で問題の K70の生産が中止されている[68)]。

さて，シュミュッカーは人員削減計画を実施する一方，製品戦略面においては，ライディングのフルライン政策を継承したが，前任者の時代に準備された新世代車の主力はいうまでもなくゴルフであった。石油危機直後の自動車不況の最中にゴルフは発売されたが，大衆向け小型経済車とはいうものの，ビートルとは全く異なるデザインで，初期トラブルも多く発生し，市販価格の点でもビートルを上回り，ビートルの文字通りの後継車を期待していたユーザーには極めて不評であったことは既述の通りである[69)]。

しかし，シュミュッカーは経営再建に取り組み始めた頃は，ゴルフ発売後すでに２年を経過しており，自動車需要の回復とともにゴルフの実用性・経済性がユーザーの省エネルギー志向に合致し，ゴルフは急速に売上げを伸ばした。'76年10月には発売以来27ヶ月でゴルフの累計生産台数が100万台に達した[70)]。ライディングの見通しが正しかったわけであるが，この点ではシュミュッカーは幸運であったといえよう。ゴルフとパサートのヒットにより，'76年度決算は前年度までの赤字から一転して黒字となった[71)]。

経済性志向のゴルフ路線は，ディーゼル化によってさらに大きな成功を収めた。76年に発表されたゴルフ・ディーゼルはVW社独自の企画といわれ，ゴルフのような小型車にディーゼル・エンジンを搭載したのは，世界の自動車メーカーの中でもVW社が最初であった。ゴルフ・ディーゼルの登場以後，世界の小型車市場は新たな技術競争の時代に入った[72]。

すなわち，アバナシー（Willim J. Abernathy）らによれば，一般に自動車産業のような成熟段階に達した産業では製品の標準化が進み，製品技術の競争上の重要性が相対的に低下し，むしろ競争の重点は製造工程の改善——あるいは労働コストの低い海外での生産——による生産コストの削減へと移行するが，外的環境に重大な変化があると成熟産業は再び製品技術を基礎にした競争へ突き戻される可能性がある[73]。'73年と'79年の石油危機は，自動車産業にとってまさにこの意味における外的環境の重大な変化であった。アバナシーらの調査でも，石油危機が需要サイドにおける自動車の技術特性への関心を高めたことが検証されている（但し，彼らの調査は'79年の石油危機を対象としている）[74]。とくに燃費経済性へのユーザーの関心の高まりは，自動車メーカーに新たなエンジン型式の選択や代替燃料の研究などの技術的対応を迫まる。VWのゴルフ・ディーゼルの成功は，このような技術的対応の結果であり，乗用車市場において競争要因としての製品の技術特性の重要性を高めた。

ライディング時代からのもう一つの懸案はゴルフ（米国名称ラビット）の米現地生産である。マルク高の克服と生産コスト低減によって，海外の最大市場である米国においてVWの価格競争力を回復する必要があり，米国市場におけるゴルフの成否は現地工場の建設にかかっていた。

上述のように，ライディングは労組や州政府の合意を得られず，社内に混乱が生じたが，シュミュッカーは被用者側代表の理解を得ることに極力努め，連邦政府代表の支援もあって'76年４月米工場建設案は監査役会において可決された。これはシュミュッカーの大きな功績とされている。

工場はペンシルバニア州ウエストモーランドに建設され，'78年からゴルフの生産を開始し，'79年までに年産20万台を予定していた。ちなみに，ゴルフの生産が米国工場で開始された'78年にゴルフの年産台数はトヨタ・カローラを抜いて世界一となった。ゴルフの成功により，VW 社の戦略転換はほぼ完了したといえるであろう。

### (2) 車種構成の体系化

ライディング社長時代のわずか３年ほどの間に６車種におよぶ新型車が登場したことは，VW 本社技術陣の独力によるものでないとはいえ，驚くべきことである。ロッツ社長の時期からライディング社長の時期にかけては製品多様化が最優先課題であり，ビートルという製品とノルトホフという偉大な経営者を中心に形成されたゲシュタルト（本章Ⅲ－１－(1)参照）が市場環境の変化によって崩壊した後，ビートル後継車開発は新たなゲシュタルトを形成する「足場」を見出すことであった。このような「足場」が発見されたとき，戦略はエマージェント（偶発的）なものからデリバリット（計画的）なものへと移行するであろう。

この「足場」は，製品面に限定していえば，アバナシーのいわゆる「コア・コンセプト」[75)]に相当する。ライディング時代に，「アウディ戦略」の成功によって新世代モデルの「コア・コンセプト」の発見があった。この「足場」がゲシュタルト形成の核となるためには新たな主力製品に結実しなければならない。この意味の主力製品こそゴルフであったといえる。

シュミュッカー時代になって，ゴルフを中心とするゲシュタルトが新たに形成されはじめる。われわれは，ゴルフという主力製品を核として展開されたシュミュッカーの戦略を「ゴルフ戦略」と呼ぶことにしよう。

ライディングの「アウディ戦略」によってフルライン化が進められ，VW グループの車種は豊富になったが，モデル・レーンジに重複があるため，市場ではアウディ系の車種と VW 系の車種とが競合する結果となり，体系的な車種構成とは到底いえなかった。これは主力製品のない過渡期においてはある程度やむを得ないことであり，われわれもロッツ時代に K70と411とが市場で競合し，結局は新世代モデルに属する K70の方が先に市場から消えて行った例をすでに見た。これと同様のことが，アウディ80の VW 版パサートの発売から２年後に出されたアウディ50の VW 版ポロの場合にも起こった。

ポロがアウディ50のシエアを侵食し，アウディ50の生産中止を招く結果となったのである。ポロは，ゴルフの販売価格がビートルを上回ったために，ビートル並みの価格の車種として開発され，VWの新世代車群の中では最廉価車種に位置づけられる。価格の点ではゴルフよりもむしろポロの方がビートルの後継車であった。

アウディ50は，中級車種メーカーとしてのアウディのイメージにそぐわないことは明白であり，発売当初から不振であったが，VW系の車種ポロとして販売されるに至って欧州市場で急速に売上げが伸びた。また，程度の差はあるがアウディ80とパサートの場合にも市場での競合関係が見られた（図1－2－10参照）。

以上のような経緯から，シュミュッカーは大衆性・実用性をVW系の製品イメージとし，豪華さや趣味性をアウディ系の製品イメージとすることによって，グループ内の車種構成を整理し，VW車とアウディ車の販売網をそれぞれ独立に組織して典型的な２商標政策を展開した。現在，排気量2.0ℓ以下の小型乗用車と小・中型商用車がVWの生産車種であり，2.0ℓ前後の小・中型高級乗用車がアウディの生産車種である。但し，部品・コンポーネントの共用により両社の生産管理は一元化されている[76)]。

シュミュッカーの社長就任後，'77年に発表されたポロのセダン，ダービーによってVWの新世代モデルは一応出揃うことになり，VW社はライディング時代からシュミュッカー時代にかけて，わずか４年程の間にフルライン化を成し遂げた[77)]。

### ⑶　経営多角化

VW社は，他の欧州自動車メーカーに較べて，ごく早い時期から積極的な海外戦略を展開したが，事業の多角化には従来消極的であった。それどころか，同社は自動車事業の領域においても，トランスポーターを除けば商用車部門よりは乗用車部門に特化していたといってよい。この傾向は，１車種量産からフルラインへ脱皮しつつあったライディング時代にも変わらなかった。しかし，'74年の経営危機以後，VW社はあたかも従来の戦略に対する反

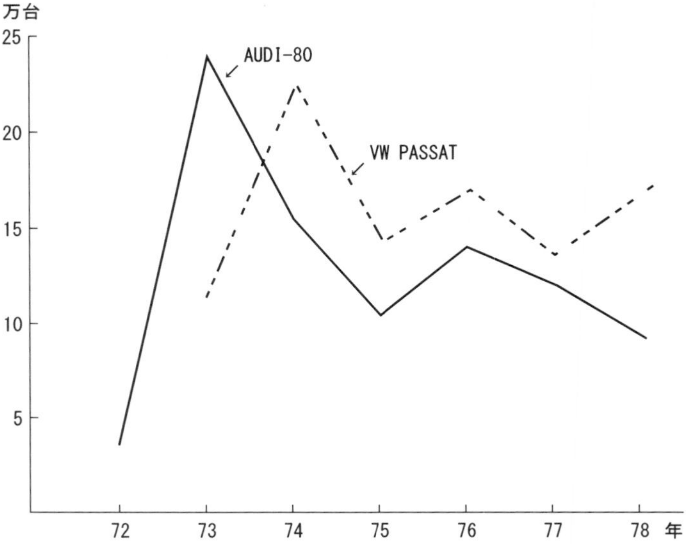


**図1-2-10　アウディ80およびパサートの生産台数の推移**

（出所）渡辺，前掲論文，64頁。

動のように一転して事業の多角化を推進した。

同社の非自動車事業への本格的進出となった'79年の事務・情報処理機器メーカー，トリウムフ・アドラー社の買収をはじめ，住宅建設，不動産販売の他，'78年にはブラジルに広大な牧場用地を購入して畜産投資を行うなど，同社の経営多角化の動きはシュミュッカー時代に入ってから一挙に活発化した。なかんずく，トリウムフ・アドラー社の買収は，「①自動車販売の周期変動を補う事業が欲しかったこと。②自動車産業にエレクトロニクス化が急速に進んでいるため，電子技術を取り入れたかったこと。」[78) によるものであった。

さらに，本来の自動車事業の分野でも，'79年には新たに産業車両メーカーMAN社とトラックを共同開発してトラック生産に乗り出し，全般的に商用車生産の規模を拡大する方針がとられた。商用車部門の強化は，欧州最大の商用車メーカーであり，商用車の海外生産比率がきわめて高いダイムラー・ベンツ社[79]に対抗してVWグループの海外における大きな生産能力を生かすというねらいもあるが，過去の経営危機の教訓から危険の分散を目的として進められた経営多角化の一環である。

以上のような多角化政策の急速な展開から，VW社がビートル依存型戦略の失敗によって受けた打撃がいかに深刻なものであったかが窺われる。

しかし，80年代に入ると新規事業や海外事業の業績不振が原因で，同社は再び大幅な赤字を計上し，シュミュッカーは健康上の理由から退任するに至る（図1-2-11参照）。その後，'79年に買収したトリウムフ・アドラー社は事業収益が伸びないまま'86年にイタリアのオリベッティ社へ売却されたが，これについてはすでに述べた。80年代のVW社の動きは，われわれの研究対象ではないので，ここでは70年代末に活発化した経営多角化が80年代前半を通じてVW社の大きな負担となったことだけを指摘しておきたい[80]。

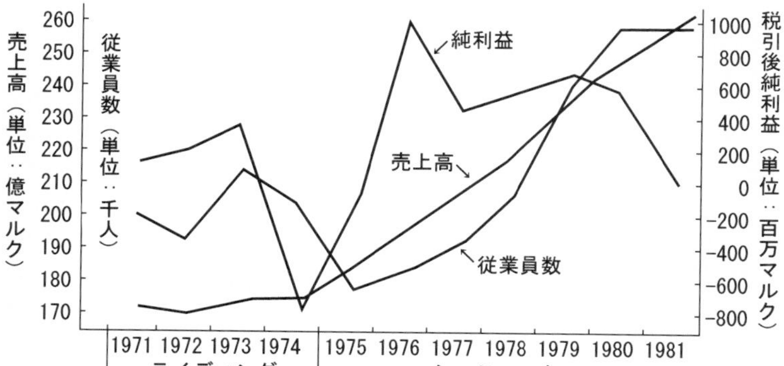


図1-2-11　VWグループの業績および従業員数の推移（1971年～1981年）

（出所）Diekhof, R., Funk, W., 1982, S.42.

上述のように，シュミュッカーは製品戦略の面ではゴルフ路線を継承しながら，VWとアウディとの製品イメージを明確に分離し，アウディ製品の高級車市場参入への道を開いた。'80年に発表されたアウディのスポーツ・セダン，クワトロは同社の高級車路線への転換の足掛りとなるものであった。

また一方，シュミュッカーは高労働コストやマルク高を克服するために，現地生産戦略を推進したが，その最大の成果は米国工場の建設であった。これはVW社内の複雑な力関係を乗り越えて実現されたものであり，シュミュッカーの手腕が発揮された点であった。

70年代後半に，シュミュッカーがゴルフを主力製品として展開した体系的な車種政策，すなわち「ゴルフ戦略」は，典型的なデリバリット（計画的）戦略であり，VW系とアウディ系との車種構成の整理によって，VW社の戦略転換が完了したと同時に，新たな段階に入ったといえる。

シュミュッカーの政策のもう一つの柱である経営多角化については，「ゴルフ戦略」とは切り離して考える必要があろう。なぜなら，経営多角化は，VWが1車種量産からフルラインへの戦略転換を果たした後に，経営陣が新たに選択した戦略であり，両者は過去20年間のビートル依存型戦略に対する反動から生まれた点では共通しているが，経営多角化の方は自動車事業の領域を越えた異質の問題を提起するからである。

## Ⅳ　おわりに

### 1．戦略転換の推移

VW社における経営戦略の転換は，ノルトホフ社長の死後に開始され，VWの新世代モデルの最後を飾るダービーが1977年に発表されてフルライン化が完了するまで，ほぼ10年の期間を要する難事業であった（図1-2-7参照）。

本小論の課題は，この10年間にわたる困難な戦略転換がいかにして成し遂げられたかを明らかにすることであったが，ここに一応その転換過程をたどり終えたので，最後にVW社の戦略転換の推移に見られる若干の特徴を指摘して結びとしたい。

VW 社の事例においてまず第１に特徴的なことは，経営戦略の転換が主力製品の交替を軸に進められたという点である。もちろん，その前提として１車種量産からフルラインへの移行があったことはいうまでもない。

第２に，新戦略の製品技術上の主要な構成要素が，10年間という戦略転換の過程全体においては，きわめて早い時期に選択されていることである。技術上の他の選択肢も残されてはいたが，新世代車の先駆となった K70はロッツ時代に発表されたモデルであった。

第３に，上記のことと関連するが，製品技術上の選択（水冷Ｆ・Ｆ方式の採用）がきわめて早い時期になされたにもかかわらず，戦略転換が完了するまでに長期間を要したことである。もちろん，これには様々な理由が考えられる。例えば，監査役会の利害対立，高賃金をめぐる労使関係の悪化，石油危機，マルク高などである。しかし，ロッツ時代に発表された新型車は概して短命で，生産期間が短い（図１-２-４参照）ことを考えると，ロッツの製品多様化政策自体に問題があったといえる。つまり，ロッツの政策が基本的には既存の「ゲシュタルト戦略」を維持する方向に展開されたものだということである。この点は，監査役会や金属労組に対する彼の妥協的姿勢にも現われている。

第４に，ライディングの「アウディ戦略」は戦略転換に大きな役割を果たしたが，メフェルト教授らの研究報告にもあるように，「アウディ戦略」の当初の目的は，アウディ系の開発車の導入によるフルライン化――とくに中級車種部門の強化――であって，ゴルフ開発はその結果であった。また，ライディングの製品多様化政策はロッツの場合とは異なり，既存のビートル中心の「ゲシュタルト戦略」に対して破壊的に作用したと考えられる。

第５に，戦略転換に際して，転換の初期の段階と仕上げの段階では異なる型のリーダーシップを必要としたということである。ゴルフの米現地生産をめぐる労使対立に見られたライディングの強引さとは対照的なシュミュッカーの協調性，政治的な駆引きの手腕が「ゴルフ戦略」を成功に導いた。

第６に，戦略転換後も，ビートルと新世代車群の並行生産が続けられていることである。並行生産の方針はロッツによって決定され，ライディング，シュミュッカーへとそのまま継承された。

ロッツ以後の歴代経営陣の戦略は，一口にいえば製品多様化に尽きるのであるが，トップの交代や外的環境の変化などにより，車種の散開と収斂との周期的変化を示しながら多様化政策の役割や性格が次第に変質していったのである。

## 2．今後の検討課題

われわれが今後VW社に関して取り組みたいと考えている研究課題は二つある。

一つは，本小論の冒頭でも述べたように，ビートル１車種量産戦略がいかにして形成されたか，またビートル戦略を成功に導いた要因は何かを検討することである。GM傘下のアダム・オペルでアメリカ流のマーケティングを学んだといわれるノルトホフがＴ型フォードの話を知らなかったはずはないが，彼はフォードと同じ戦略を選択し，結局同じ失敗を繰り返した。何故，もっと早く余裕のあるうちにビートル依存の戦略を切り換えることができなかったのか。この疑問に対して，ミンツバーグは「ゲシュタルト戦略」のマイナス面を強調したわけであるが，ノルトホフ時代は20年間の長期にわたっており，ミンツバーグのいわゆる「ゲシュタルト戦略」がノルトホフ就任当初から形成されていたとは思われない。われわれは，「ゲシュタルト戦略」としての単一車種戦略が形成されたのは，米国市場への本格的進出が開始された50年代後半から60年代前半にかけての時期であったと考えている。

若干の文献は，ビートル１車種量産を決定したノルトホフの当時の判断について有名なエピソードを伝えているが，それらは皆一様にノルトホフの経営者としての優れた直観を讃えている[81)]。しかし，われわれはこの点についても，当時のドイツの不安定な社会情勢や経済状態，技術水準や生産能力を考えると，単一車種戦略は，「車格を超越した」といわれるビートルの製品特性や経営者の資質が関与していることはもちろんであるが，ある程度他に選択の余地のない戦略であったと推測するのである。

第２の課題は，VW の米国市場への進出過程を検討し，日本の自動車メーカーの場合と比較して，両者の対米進出パターンの特徴を明らかにすることである。

すでに本論において述べたように，VW 社は戦後一貫して米国市場依存型の輸出戦略を展開してきた。VW が米国市場へ輸出を開始した1949年当時には，まだ米国にいわゆる小型車（コンパクト・カー）市場が存在していなかったといってよい。これは，小型車の需要がなかったというよりも，むしろ米国における乗用車の生産システム全体が，採算面で小型車生産を不可能にしていたためである[82]。VW は，'54年に，このような無防備の米国乗用車市場に他の欧州自動車メーカーに先駆けて販売子会社を設立し，現地の輸入車専門ディーラーに対してVW 販売部門の分離を要請し，独自の販売網，部品供給体制を整備した。VW ビートルの売上は，低価格，高品質，高性能，万全のアフターセール・サービスによって急速に伸び，米国に小型車市場を開拓した。60年代のVW の繁栄は，米国市場における驚異的な成功によるものである。ホワイト（R.B. White）は，これを「フォルクスワーゲン現象」[83]と呼び，単なる一時的流行現象ではなく，米国の乗用車市場に大きな転機をもたらしたばかりか，70年代の日本車を中心とする第２次小型車戦争に至るまでの重要なリンクとなった現象であるとしている[84]。

VW 社は70年代になってマルク高と生産コスト上昇への対策として従来の完成車輸出から米現地生産に踏み切った。米独両国の国民一人あたりの所得に大差があった50年代であれば，コスト削減対策としての米現地生産などは考えられなかったことである[85]。

今日，VW は高級車路線への転換を図りつつあるが，これは一つには現地生産政策によるコスト削減に限界を認めた結果であり，この点は商用車のみを現地生産し，高級乗用車は国内生産に限定する[86]ベンツ型戦略の方が成功している。

以上のようなVW の対米進出過程は，日本の自動車メーカーの対米進出にほぼ10年先行して展開している。70年代初頭にマルク高対策に苦慮して現地生産や現地メーカーとの合弁・業務提携を進めたVW 社に，現在の日本の自動車メーカーの姿を見ることは容易であろう。VW の対米進出過程を詳細に検討することは，円高，経済摩擦，新興工業国の台頭という状況におかれた日本の自動車メーカーにとって将来の進路を見極める際の参考となるに違いない。この点では，あるいは上述のダイムラー・ベンツ社の事例の方がより参考となるようにも思われる。いずれにしても，日独両国の後発型の多国籍企業が[87]共通に抱えている問題点を明確にするためにも西独自動車メーカーの対米進出過程，さらには海外戦略全般を検討する必要がある。

[注]

* 本稿作成にあたって，VW 本社市場調査担当のオットー・オスター（Otto Oster）氏，桃山学院大学の並川宏彦氏，鹿児島経済大学の古川澄明氏をはじめ，日本機械輸出組合，フォルクスワーゲン・アジア，株式会社ヤナセ（フォルクスワーゲン・アウディ事業部），トヨタ自動車株式会社（広報部海外広報課）等，関係各位のお世話になった。ここに深く謝意を表する。なお，資料調査に際して，桃山学院大学図書館の小原，吉田両氏にご協力いただいたことを付記しておきたい。

1）例えば，次の文献を参照。
田口憲一『VW 世界を征す』新潮社　1961。
奥村正二『世界の自動車』岩波書店　1964。
Hopfinger, K.B., *Beyond Expectation, the Volkswagen Story,* London, Foulis 1956.
Nelson, W.H., *Small Wonder, the Amazing Story of the Volkswagen,* Boston・Toronto, Little, Brown and Company 1965.

2）Sloniger, J., *Die VW-Story* Stuttgart 1981, S.148.
（スロニガー，ジェリー，『ワーゲン・ストーリー』（高斎正訳）グランプリ出版 1984，159頁。）

3）奥村，前掲書，119頁。

4）例外の一つは1961年に発表された新型車タイプ２で，エンジンとシャシーはタイプ１といわれるビートルと同じリア・エンジン車であったが，ボディ・スタルが変更されていた（Sloniger, 1981, S.161. 前掲訳書，173頁。）。

5）Mintzberg, H., Research on Strategy-Making, in: *Academy of Management,* Proceedings, 1972, pp.90-94.
Mintzberg, H., Strategy Formulation as a Historical Process, in: *International Studies of Management and Organization* Vol. 7, 1977a, pp.28-40.
Mintzberg, H., A Study of Strategy Making at Volkswagenwerk AG, Working Paper, Mcgill University 1977b.（このワーキング・ペーパーは，筆者のもとめに応じて，マクギル大学教授ミンツバーグ氏が御送付下さった。氏の御厚意に対して深く謝意を表する。）
Mintsberg, H., Patterns in Strategy Formation, in: *Management Science,* Vol. 24,

No. 9, 1978, pp.934-948.

6）日本機械輸出組合『欧州自動車メーカーの1980年代戦略』，1984年。

7）日本経済新聞，1986年６月30日。

8）奥村，前掲書，94頁-111頁。
田口，前掲書，206頁。
1948年～1961年の期間はVW社だけではなく西独自動車産業全体にとっても発展期であった。この点については，次の文献を参照。Busch, K.W., *Strukturwandlungen der westdeutschen Automobile Industrie*, Berlin 1966.（機械振興協会経済研究所『西ドイツ自動車産業の構造』1969は本書の抄訳である。）

9）田口，前掲書，228頁-263頁。
岡田昌也「西独における国有企業の民有化」神戸大学経済経営研究所・『経済経営研究』第16号（Ⅰ）1966。

10）この間の事情については次の文献に詳しい記述がある。
Kruk, M., Lingnau, G., *Daimler-Benz, Das Unternehmen*, Mainz 1986, S.205-236.

11）トヨタ自動車株式会社『自動車産業の概況』1985，20頁。

12）この時期の主力車はもちろんビートルであったが，1950年からはトランスポーターと呼ばれる特殊な小型バスの生産が開始され，これがビートルとともにユーザーの好評を博し，VW社の売上に貢献した。例えば，1951年の年間総生産台数105,712台のうち，12,003台はこのトランスポーターであった（*Volkswagen Chronik* 1984.）。現在は新型のトランスポーターが大量に生産されている。その他1955年にカルマン社がVWのスペシャル・カーとしてカルマン・ギア・クーペを開発し，かなりの販売台数を記録した。

13）Mintzberg, 1977a, pp.35-36.

14）Meffert, H., u.a., Marketing-Entscheidungen bei der Einführung der VW-Golf, Münster 1977, S.21ff.

15）以下の記述は，前掲の文献，
Kruk, M., Lingnau, G., 1986, S.205ff. による。

16）Holzapfel, F., *Volkswagenwerk, Werk des Volkes?*, Berlin 1978, S.244.

17）Sloniger, J., 1981, S.212.　前掲訳書，231頁以下。

18）Kruk, M., Lingnau, G., 1986, S.235.

19）Sloniger, J., 1981, S.194. 前掲訳書，211頁。

20）しかし，例えばフィアラは単なるギミックとしての自動車用電子機器の導入には否定的であり，見かけより実質を重視する車造りをVW社の方針としているという。E. フィアラ「VW社の車造り哲学」『自動車ジャーナル』1981年11月号。

21）徳永重良（編）『西ドイツ自動車工業の労使関係，――フォルクスワーゲン工場の事例研究――』御茶の水書房　1985，32頁。

22）大阪産業大学自動車工学編集委員会（編）『自動車工学』日刊工業新聞社　1975，14頁。

23）Sloniger, J., 1981, S.210-212.　前掲訳書，230頁-231頁。

24）「ディスカッション＝アウディ社，西独と日本の相違点」『自動車ジャーナル』1981年12月号。

25）Sloniger, J., 1981, S.216. 前掲訳書，237頁。
26）後述するように，K70の生産開始にともなう新工場建設をめぐって監査役会内部の利害が対立した結果，ロッツは無理な生産計画を強いられた。この間の事情については次の文献を参照のこと。
Thimm, A.L., Decision-Making at Volkswagen 1972–1975, in: *Columbia Journal of World Business*, Vol. 11, No. 1, 1976, pp.94–103.
27）このようなロッツの評価に対して，ビートルと新型車の並行生産によってVWの過渡期の戦略に指針を与えたロッツの経営手腕を高く評価する論者もいる。次の文献を参照。
Thimm, A.L., 1976, P.97.
28）Volkswagen AG（Hrsg.）, *Volkswagen Chronik*, 1984, S.55.
『フォルクスワーゲンの歩み』株式会社ヤナセ　1986，56頁。
29）Sloniger, J., 1981, S.192. 前掲訳書，209頁。
30）下川浩一「フォルクスワーゲンの経営危機」『エコノミスト』1975年6月号，55頁–58頁。
31）Sloniger, J.,*Die VW-Story*, Stuttgart 1981, S.218–219.（スロニガー，ジェリー，『ワーゲン・ストーリー』（高斎正訳）グランプリ出版　1984，240頁。）
32）田口憲一『VW 世界を征す』新潮社　1961，158頁。
33）Sloniger, J., 1981, S.200. 前掲訳書，216頁。
34）Sloniger, J., 1981, S.200. 前掲訳書，216頁。
35）Sloniger, J., 1981, S.200. 前掲訳書，217頁。
36）Thimm, A. L., Decision-Making at Volkswagen 1972–1975, in: *Columbia Journal of World Business*, Vol. 11, No. 1, 1976, p.100.
37）Ball, R., Volkswagen Hops a Rabbit Back to Prosperity, in: *Fortune*,Vol. 100, No. 3, Aug. 13, 1979, pp.120–124, 127–128. なお，上記『フォーチュン』はVolkswagen's Big Comebackと題してシュミュッカーの車種政策を中心にVWの戦略転換を取り上げている。
38）『フォルクスワーゲンの歩み』株式会社ヤナセ　1986，63頁。
39）徳永重良（編）『西ドイツ自動車工業の労使関係』御茶の水書房　1985，68頁。
40）筆者はこの事例研究の報告書をVW社市場調査部のオットー・オスター氏からいただいた。報告書の内容は一部を除いて研究論文にまとめられ，メフェルト教授の前掲書『マーケティング入門』に巻末付録として収められている。
41）Meffert, H., u. a., *Marketing-Entscheidung bei der Einführung des VW-Golf*, Münster 1977, S.28.
42）Meffert, H., 1977, S.29.
43）Meffert, H., 1977, S.21.
44）榊五郎「"かぶと虫"を越えて省エネ車が走った――*VW*社の"ゴルフ"ヒットの秘密――」『近代セールス』1981年1月15日号，78-81頁。
45）Meffert, H., 1977, S.4.
46）Meffert, H., 1977, S.26–27.
47）渡辺紀久男「フォルクスワーゲン――世界戦略の全貌」『マネジメント』第39巻，

第11号，1980，59-67頁。
48）渡辺，前掲論文，59頁。
榊，前掲論文，81頁。
49）支配的デザインの概念については，次の文献を参照のこと。アバナシー，W., クラーク，K., カントロウ，A.（日本興業銀行産業調査部訳）『インダストリアルルネサンス――脱成熟化時代へ』ティビーエス・ブリタニカ　1984，47頁参照。
50）Meffert, H., 1977, S.27.
51）Mintzberg, H., Patterns in Strategy Formation, in: *Management Science* Vol. 24, No. 9, 1978, p.946.
52）ミンツバーグは，最近ではこの種の戦略をコンセンサス戦略（consensus strategy）と呼んで，デリバリット戦略と対極をなす偶発的戦略に近いパターンとして位置づけている。しかし，アウディ路線という枠を設定したライディングの強力なリーダーシップの存在を考えれば，むしろミンツバーグの戦略パターンのなかでは傘戦略（umbrella strategy）に類似した戦略といえる。この点については次の文献を参照。
Minzberg, H., Waters, J. A., Of Strategies, Deliberate and Emergent, in: *Strategic Management Journal*, Vol. 6, 1985, pp.257-272.
当初，われわれも，VW の事例を分析するにあたって，上述のミンツバーグの方法を踏襲しようと試みたが，断念した。その一つの理由は調査方法上の問題にある。すなわち，実際の戦略が形成される場合に偶発的要素と計画的要素とどちらの影響がより大きいかは，調査者の判断によっていくらでも解釈の余地があるからである。また，かりに「アウディ戦略」がコンセンサス戦略であるのか傘戦略であるのかを客観的に判定しえたとしても，「アウディ戦略」が戦略転換に果たした役割を理解する上で重大な意味をもつとは思われない。
53）Thimm, A. L., 1976, pp.96-98.
54）徳永，前掲書，253頁以下。
55）Thimm, A. L., 1976, p.95.
56）徳永，前掲書，234-235頁。
57）Thimm, A. L., 1976, p.95.
58）Thimm, A. L., 1976, p.96.
59）Thimm, A. L., 1976, p.98.
60）本章のⅡ-1「会社概要」において述べたように，'72年の時点で VW 海外生産比率はすでに30％を越えている。また，この点については次の文献を参照のこと。渡辺，前掲論文，65頁，図表９。同論文によれば，'79年の時点におけるゴルフの米国での現地部品調達率は60％に達していたがエンジン，トランスミッション，アクスルなどの重要部品は本国から送られてきた。同論文，65頁参照。さらに，Thimm, A. L., 1976，p.100も参照。
61）Sloniger, J., 1981, S.232.　前掲訳書，255頁。
62）Thimm, A. L., 1976, p.99.
63）Mönnich, Horst, *Die Autostadt, Abenteuer einer technischen Idee*, Braunschweig, 1958.（ホルスト・メンニッヒ著，田辺仁訳『小説フォルクスワーゲン』実業之日

本社1969。）本小説ではビートルの開発と生産に至るまでのポルシェ博士の苦難の物語を中心に，敗戦直後のドイツの労働者たちが，瓦礫の山と化したワーゲン工場の再建に敗戦国の蘇生の希望を託して働く姿が描かれている。

64）徳永，前掲書，71頁。

65）徳永，前掲書，231頁。
Thimm, A. L., 1976, p.101.

66）Ball, R., 1979, p.122.
伊東光晴，石川博友，植草益（編）『世界の企業４，西ドイツの経済と産業（永川秀男）』筑摩書房　1975，224-226頁。

67）徳永，前掲書，86頁。

68）Sloniger, J., 1981, S.253.　前掲訳書，281頁。

69）例えば，榊，前掲論文参照。

70）Volkswagen AG（Hrsg.）, *Volkswagen Chronik*, 1984, S.67.

71）Diekhof, R., Funk, W., Der schwere Abschied, in; *Manager Magazin*, Januar 1982, S.38-45.

72）Volkswagen AG（Hrsg.）, *Volkswagen Impulse*（日本語版），フォルクスワーゲン・アジア　1984。

73）アバナシー他，前掲書，178頁。

74）アバナシー他，前掲書，177頁以下。

75）「コア・コンセプト」は，製品への多様な機能上の要請に対して一定の方向性を与えるものであり，製品の技術上の選択（例えば，空冷エンジンにするか水冷エンジンにするか）を支配する。詳細については次の文献を参照。アバナシー他，前掲書，46頁以下。

76）日産自動車株式会社編『自動車産業ハンドブック』紀伊国屋書店　1985　182頁。

77）Volkswagen AG, 1984, S.68.

78）日本機械輸出組合，『欧州自動車メーカーの1980年代戦略』，1984年，72頁。

79）日本機械輸出組合，『ダイムラー・ベンツの企業戦略に関する調査報告書』1983年，293頁以下。

80）Diekhof, R., Funk, W., 1982, S.38ff.
Hewitt, G., Why Volkswagen is optimistic, in: *International Management*, Vol. 37, No. 10, 1982. pp.21, 24.

81）例えば，次の文献を参照のこと。
田口憲一『VW 世界を征す』新潮社　1961。
Nelson, W. H., *Small Wonder, the Amazing Story of the Volkswagen*, Boston・Toronto, Little, Brown and Company 1965.

82）アバナシー他，前掲書，83-104頁。

83）White, R. B., Books Reviews, in *Technology and Culture* Vol. 25, No. 2, 1984, p.367.

84）これに対して，日本の自動車関係筋によると，米国に小型車市場を開拓したのは，VW ではなく，日本車の方であるというのが，日本の自動車メーカーの一致した見解である。その根拠として，米国市場における VW のシェアは，'70年のピークでも6.8％（568,000台＝輸出車＋KD セット）であったが，日本車のシェアは '74年の時点で11.1％，第２次石油危機直後の'80年には26.6％と20％を越えており，以後毎年継続して20％以上のシェアを確保しており，小型車が日本車の進出によって米国市場で完全に市民権を得たことを指摘している。

85）奥村正二『世界の自動車』岩波書店　1964，122頁。

86）但し，インドネシアでは，'83年より乗用車組立を開始している（日産自動車株式会社編，前掲書参照)。しかし，これはKD組立であって，部品を含む海外生産は行われていない。日本機械輸出組合，前掲書（1983）参照。

87）下川，前掲論文，58頁参照。

# 第3章　ハインリヒ・ノルトホフ論

## I　問題の所在

自動車産業史上，１車種大量生産の戦略によって[1)]歴史的成功を収めた自動車メーカーとして，誰もがすぐに思い浮かべるのは，アメリカのフォード社（Ford Motor Company）とドイツのフォルクスワーゲン社（Volkswagen AG，以下 VW 社と略記）であろう。そして両社の１車種大量生産の戦略によって市場に送り出され，一方はアメリカ，他方は西ドイツにおいて自動車大衆化の主役となったモデルこそ，T 型フォードとフォルクスワーゲン（通称ビートル）に他ならない。

しかし今日，T 型フォードを路上で見かけることはまずないが，ビートルの方はいまだに現役の乗用車として世界中の道路を走行している。もちろん両者が開発され発売された時点の歴史的・経済的環境がまったく異なるので，単純な比較は無意味であるが，現代のわれわれにとってビートルの方がフォード T 型よりも身近な存在であるとはいえるであろう。

周知のように，ビートルはナチの時代にドイツの国民車（フォルクスワーゲン）としてフェルディナント・ポルシェ（Ferdinand Porsche）によって開発されたモデルである。ビートル誕生の詳細な経緯についてはすでに多くの文献があり[2)]，さしあたって本稿の課題でもないので立ち入った説明を省くが，この車が本当の意味でドイツの国民車となるのは戦後のことであり，その普及に最大の貢献をした経営者こそハインリヒ・ノルトホフ（Heinrich Nordhoff）なのである。

ノルトホフの生前，わが国でも彼について紹介した文献は若干あるが[3)]，それらはあくまでビートルの世界的成功に記述の重点を置いており，経営者論としては極めて不十分なものといわざるをえない。この点は，当時のわが国の文献だけでなく，英独の文献にも共通して見られる傾向である。ようやく最近になってエーデルマン（Heidrun Edelmann）の精力的な研究によって，信頼性の高い一連の「ノルトホフ論」が現れた[4)]。本稿がおもに依拠しているのは，これらのエーデルマンの諸研究であり，可能な限りエーデルマンの記述の根拠となった原史料にも当たるようにした。

筆者はかつて，主力車種ビートルの売上の急減によって経営危機に直面したVW社が，１車種量産からフルライン戦略への極めて困難な戦略転換をいかにして成しとげたかを検討したことがある。そのさい，次のような疑問を提起した。少し長くなるが，ここに引用しておこう。

「GM傘下のアダム・オペルでアメリカ流のマーケティングを学んだといわれるノルトホフがT型フォードの話を知らなかったはずはないが，彼はフォードと同じ戦略を選択し，結局同じ失敗を繰り返した。何故もっと早く余裕のあるうちにビートル依存の戦略を切り替えることができなかったのか。（中略）若干の文献は，ビートル１車種量産を決定したノルトホフの当時の判断について，（中略）ノルトホフの経営者としての優れた直感を讃えている。しかし，われわれはこの点についても，当時のドイツの不安定な社会情勢や経済状態，技術水準や生産能力を考えると，単一車種戦略は，『車格を超越した』といわれるビートルの製品特性や経営者の資質が関与していることはもちろんであるが，ある程度他に選択の余地のない戦略であったと推測するのである。」[5)]

もし当時単一車種量産戦略が他に選択の余地のないものであったとし，ノルトホフがT型フォードの失敗の教訓をつねに念頭に置いていたとするならば，失敗の繰り返しは絶対に避けなければならなかったはずである。この疑問は筆者がノルトホフという経営者に興味を抱く契機となった。

世界の自動車産業の発展に偉大な貢献をした経営者たちの中にノルトホフを位置づけた場合，かりにフォード（Henry Ford），デユラント（William C.

Durant）を第一世代の経営者とし，スローン（Alfred P. Sloan Jr.）を第二世代の経営者とすれば，ノルトホフが活躍した時期は，フォードの孫フォードⅡ世のそれとほぼ重なるので，彼は第三世代の経営者といってよいであろう。つまり，ノルトホフには自動車産業経営のモデルがすでに与えられていたのである。とくにスローンが築いた経営モデルが，経営者としての出発点においてノルトホフに決定的な影響を与えたことは間違いない。

しかし，同じ第三世代の経営者といっても，フォードⅡ世が直面した状況と，ノルトホフのそれとはあまりに大きな相違がある。両者の間のもっとも根本的な相違は，フォードⅡ世の場合はすでに自動車が大衆化された社会を前提として，換言すれば，北米という世界最大の自動車市場の繁栄のなかでフォード社再建に取り組むことができたが，ノルトホフの場合はドイツにおける自動車技術のゆたかな蓄積と「国民車」というナチ時代の遺産はあったものの，需給両面でほとんどゼロの状態から，ドイツ自動車産業復活の一翼――しかもそのもっとも主導的な役割――を担うことになった点にある。

ノルトホフがVW社総裁（Generaldirektor）[6]に就任した1948年に日産78台であったVW工場の生産台数が，55年には1,247台となり，同年８月５日に戦後100万台目の車が出荷された。終戦の年（45年）の同社の生産台数が1,785台であったことを考えると，やはり戦後の壊滅状態から再出発した日本の自動車産業と比べて，その発展のスピードの速さに驚かされる[7]。その一因は，ノルトホフの輸出重視の考え方にある。彼は就任当初から自動車輸出の拡大が会社発展の推進力になることを確信していた。すでに1950年に，彼は次のように語っている。

> 「われわれの大規模な工場と，その工場で生計を立てている10万人の人々の存在というものを，国内市場の繁栄にのみ依存させるということは無責任ではないか」[8]

戦前，ヒトラーの「国民車構想」が発表されたとき，当時の帝国ドイツ自動車工業会（Reichsverband der Automobilindustrie e.V.）の内部でこの構想にどう対応すべきか議論されたことがある。ノルトホフもこの議論にオペル社代表として参加していた。そのさい大きな問題となったのは，「国民車」の生産規模であった。ドイツでT型フォードの場合のような大量生産が実現できるだろうかということであった。もし実現できなければ，ヒトラーの要望するような1,000ライヒスマルク（RM）以下の廉価な国民車など生産できるはずがない。おそらくノルトホフは，この点の決定的な重要性を他の誰よりも痛感していたに違いない。ドイツの国内市場の規模を考えれば，輸出なくして自動車の大量生産はない，というのがノルトホフの持論であった。

ノルトホフは自動車産業の先行世代の経営者たちから学んだ基本を守りつつ，その基本をドイツの国情に合うように変えようとしたのである。同様のことは戦後のわが国の自動車企業経営者についても多かれ少なかれいえることであるが，ノルトホフがここにいう自動車産業の第三世代の経営者のなかでも，その視野の広さにおいて傑出した存在であることに，おそらく異論はないであろう。

既述のように，「経営者ノルトホフ」を形成した第1要因は自動車産業経営のアメリカ型モデルであったが，もう1つ重要な第2要因がある。それは彼がナチ時代の「経営指導者（Betriebsführer)」として得た経験である。この点については本論のなかで詳述するが，当時の経験は，戦後のVW社における彼の労務政策に生かされた。そしてこれは，ノルトホフがなぜ20年間もVW社に君臨できたのか（彼はヴォルフスブルクの王と呼ばれていた）を解明する鍵にもなる。

本稿の課題は，以上の2つの要因を軸にして「経営者ノルトホフ」が形成される過程をたどることにより，戦後彼が主導した1車種大量生産戦略の歴史的意義を再検討することである。

## Ⅱ　オペル入社までのノルトホフ

ハインリヒ・ノルトホフは，1899年，ニーダーザクセン州のヒルデスハイムで銀行員の父の第二子として生まれた。12歳のときにベルリンへ移り，以後青年期をベルリンで過ごすことになる。彼の20歳前後の時期は，第一次世界大戦前後のドイツの激動の時代であった。彼も一時軍務に服したが，ベルリンに帰ると造船技師になることを夢見てベルリン－シャルロッテンブルク工科大学へ入学した。卒業後はバイエルン・エンジン製作所（Bayerische Motoren Werke GmbH，すなわちBMW社）に入社し，航空機エンジン製造部に技師として配属された。

しかし，当時のBMW社は第一次大戦後，航空機エンジンの生産が禁じられた結果，二輪車の生産に重点を移すとともに，他社から自動車工場を買収して自動車の生産にも乗り出そうとしていた。ノルトホフの本来の関心は船にあったが，やがて関心の対象が自動車に変わっていった。

若き日のノルトホフの関心の変化が職場環境に影響を受けた結果であることは明らかであるが，時代の影響によるところも大きい。ハルガルテン（George W. F. Hallgarten）は，第一次大戦敗戦後からヒトラーの権力掌握までのドイツ企業の歴史を７期に区分しているが，ノルトホフの関心の対象に変化が起こったのは，ハルガルテンの時代区分によれば，レンテンマルクの発行によるインフレーションの収束から始まる第４期から第５期に移行する時期であった。この時期にドイツの産業界がアメリカ型経営をもっとも積極的に学ぼうとしたのであって，ハルガルテンによれば，「この時期は1925年10月のロカルノ条約調印とともに始まり，（中略）その４年後ニューヨーク証券取引所の株の大暴落で口火を切った世界大恐慌まで続く。この段階では，ドイツの企業はアメリカの借款によってその見せかけの全盛期を順風満帆で航行した」[9)]。そして，ドイツの大企業はこの時期に経営合理化，営業方法の近代化，価格の吊り上げ，カルテル化，輸出拡大を推し進めたといわれる。

当時のドイツ国民の多くはアメリカン・ライフに憧れ，アメリカのゆたかさに貢献している第１の産業こそ自動車産業であると考えていた[10)]。1925年には，フォード社がドイツに100％子会社ドイツ・フォード社を設立し生産拠点を築くとともに，やや遅れるがGM社（General Motors Corporation）も1929年にはドイツのアダム・オペル社（Adam Opel AG）を買収して子会社とした。後述するが，このオペル社こそ経営者ノルトホフの出発点となった企業である。

アメリカではすでにマイカー時代を迎えていたが，ドイツのモータリゼーションのレベルの低さは，アメリカと比較するまでもなく他の欧州主要国と比べても目立っていた。1925年時点の乗用車保有率は，イギリスで75人に１台，フランスで84人に１台の割合であったのに対し，ドイツでは実に369人に１台の割合であった[11)]。しかし，これは野心をもつ人々には，モータリゼーションの遅れさえ取り戻せば，ドイツ人もアメリカのような繁栄を謳歌できるという希望を与えたであろう。現実には，当時のドイツ企業は見せかけの繁栄期にあったものの，大企業による機械化や合理化の結果，さらには外資流入の涸渇にともなって街には失業者が溢れていた。おそらく，このような時代背景を抜きにしては，ノルトホフの関心の変化を理解することはできないであろう。

1928年，ノルトホフは渡米を決心してアメリカのナッシュ・モーターズ社（Nash Motors）への就職を希望したが，翌年の大恐慌の影響で夢を叶えることはできなかった。そして２年後の1930年に，リュッセルスハイムにあるオペル社に入社した。彼は以後15年間，1946年までこの会社に勤めることになる。

このオペル社はドイツの自動車企業のなかでも特異な存在であり，前述のようにノルトホフが入社した時点ですでにGM社の傘下にある外資系企業となっていた。オペル社は，アダム・オペルによって1862年に創業された。当初はミシン・メーカーであったが，1884年以降は自転車生産をも始めた。オペル社が自動車生産に着手するのは，創業者オペルの死後1899年頃のことである。長年同社の中核事業であったミシン生産は，1911年の火事で工場が焼失したとき中止され，同社は自動車事業にすべてを賭けたといわれる[12)]。

20年代に，オペル社は自動車メーカーとしてついに成功を収めた。とくに24年に発売された，「雨蛙（Laubfrosch）」と命名された乗用車は，技術的に優れていたというよりも，4,000ライヒスマルク（23年にすでにインフレは収束していた）という比較的低廉な販売価格が当時のドイツの自動車需要を捉えてオペルの主力車種となり，これによって同社は業績を大きく伸ばした。20年代の終わり頃には，同社がドイツ全体の自動車生産台数の40％以上を占めていた[13)]。ところが，29年，GM によって突然買収されたことは前述のとおりである。やはり大恐慌による自動車需要の急減が原因と考えられるが，このとき同社は同族企業から株式会社へと改組された。

31歳のノルトホフは，GM 傘下の再生オペル社に入社したのである。つまり，ノルトホフはドイツの自動車メーカーではなくアメリカ資本の自動車メーカーで働くことになったのである。ノルトホフはまず顧客サービス担当の技術部に配属された。このときの経験が後年非常に役立ったと，ノルトホフは回顧している。なぜならば，彼が入社した時点は，もともと純然たるドイツ企業であったオペル社が GM の子会社になって間もない時期で，アメリカ型経営方式への適応はまだこれからという段階であり，すべてノルトホフ自身が実践のなかで習得する必要があったからである。彼は何が顧客サービスなのかを実地に学んだ。ナチが政権を掌握した33年に，ノルトホフは技術サービス部から販売部に配転された。これは，本来技術者であった彼が営業の仕事を学ぶ良い機会になったが，オペル社の顧客の多くが横柄なナチ党員であったこともあって，彼は顧客と衝突することがしばしばであったという。

その間，ノルトホフはミシガン州デトロイトにある親会社の GM 本社で，アメリカ式生産管理・マーケティングを学ぶ機会が一再ならずあった。ノルトホフがアメリカで学んだことの核心はいったい何か。エーデルマンは，ノルトホフの講演記録・訓示，社内報，雑誌記事などを精査して次の３点を挙げる[14)]。

① 技術的優位性をもつ製品が必ずしも営業的に成功するとは限らないこと。営業的な成功というのは，製品価格と性能・装備が大衆の要望と購買力に合致したときにもたらされるものである。そしてその鍵は，合理的な生産方法の採用にある。

② アメリカの自動車メーカーは，信頼できるサービスで顧客を獲得し，その他あらゆる手段を尽くして自社ブランドから客が離れないようにしてい

ること。

③　アメリカ的な労働観と労働精神（Arbeitsethos）。ノルトホフがGMで学んだアメリカの労働精神とは，彼自身の感じたところでは，労働は単なる義務の遂行ではなく，むしろスポーツにおけるチャレンジ（sportliche Herausforderung）であって，達成を通じた喜び，喜びを通じた達成という心構えである。「仕事はスポーツである」というのは，ノルトホフが残した言葉のなかでも必ず引用されるものの１つであり，彼自身そういう心構えを自分に要求した。

既述のように，ノルトホフがオペルに入社した頃はすでに大恐慌の影響が現われ，乗用車の売上は急激に減少し始めた。ドイツでは自動車生産台数のほぼ５分の１が在庫となった。さいわいオペルの主力車種であった小型車においては，不況の影響は比較的小さかった。恐慌で倒産した中小の自動車メーカーもあるなか，小型車を得意分野としていたオペル社は買い得感のある車を市場に供給することによって活路を見出そうとしていた。

## Ⅲ　ナチ統制経済下のオペル社

不況という経済的背景もあって，当時のドイツ自動車工業界の共通の課題は，いかにして小型で廉価な自動車を開発し生産するかということであった。オペル社は，その独自のモデル政策と価格政策によって，ドイツにおけるモータリゼーションを迅速かつ持続的に推進できる具体的な方途を示していた。だからこそ，第二次世界大戦が始まるまではもちろん，それ以後もオペル社の製品が国内市場シェア第１位であったし，国際競争力のあるドイツで唯一の自動車メーカーであるといわれたのである[15)]。かのポルシェも大衆のための安価な小型車の開発に早くから取り組んでおり，32年にはNSU（Vereinigte Fahrzeug-Werke AG Neckarsulm）の自動車工場で３台の小型車の原型を完成させていた。

33年１月31日にナチ政権が誕生してからわずか12日後に，ベルリンで国際自動車ショーが開幕した。この会場でヒトラーはその「国民車構想」を発表

表1-3-1　自動車メーカー各社の乗用車新規登録台数

| | 1933 | 1934 | 1935 | 1936 | 1937 | 1938 |
|---|---|---|---|---|---|---|
| Opel | 28,494 | 52,586 | 77,126 | 86,500 | 75,803 | 81,983 |
| AU-DKW | 10,300 | 20,779 | 28,240 | 40,018 | 42,143 | 39,839 |
| Daimler-Benz | 7,844 | 8,873 | 11,529 | 19,816 | 23,679 | 20,889 |
| Adler | 7,476 | 10,274 | 17,658 | 15,325 | 17,177 | 15,467 |
| Ford | 3,996 | 6,699 | 8,087 | 11,721 | 16,139 | 17,366 |
| Hanomag | 4,675 | 6,321 | 8,171 | 8,218 | 8,411 | 7,607 |
| BMW | 5,322 | 6,598 | 7,226 | 6,981 | 6,828 | 7,311 |
| AU-Wanderer | 4,265 | 5,155 | 7,169 | 8,086 | 9,840 | 8,790 |
| Hansa/Borgward | 43 | 848 | 4,124 | 5,917 | 5,487 | 5,780 |
| NSU-Fiat | 946 | 2,068 | 3,711 | 5,272 | 5,645 | 7,377 |
| Stoewer | 1,611 | 1,452 | 1,137 | 1,024 | 913 | 1,111 |
| AU-Horch | 1,268 | 1,534 | 2,029 | 2,014 | 2,024 | 2,223 |
| AU-Audi | 627 | 1,122 | 716 | 844 | 758 | 332 |
| Röhr | 772 | 1,122 | 51 | 16 | 9 | 8 |
| Brennabor | 921 | 222 | – | 3 | – | 2 |
| Framo | 3 | 368 | 337 | 21 | 6 | 2 |
| NAG | 216 | 224 | – | 3 | 1 | – |
| Standard | 196 | 185 | – | 6 | 33 | 36 |
| Maybach | 48 | 53 | 77 | 151 | 179 | 172 |
| Tornax | – | 101 | – | 11 | – | – |
| Tempo | 26 | 55 | – | 36 | 43 | 101 |
| Goliath | 63 | 52 | – | – | 2 | – |
| Simson | 27 | 21 | 5 | 2 | – | – |
| 23社 | | | | | | 19社 |

（出所）Seherr-Thoss, a.a.O. S.343.

した。しかし，ヒトラーの「国民車構想」に対して，帝国ドイツ自動車工業会（RDA）は自動車大衆化のこのような方法がドイツで有効性をもつかどうかについて懐疑的であった。ドイツの自動車メーカーを会員とするRDAは民間団体であったが，当時すでにドイツ労働戦線の下部組織となっており，総統の意見に正面から反対することなど到底できなかったが，RDAはナチ政府が私企業と並んでそのような計画を実行に移すことを，できれば阻止したかった。

35年，RDAはヒトラーの「国民車構想」に関する会議を開き，オペル社はこの会議にノルトホフを派遣したのである。会議の席上ノルトホフは，ダイムラー-ベンツ社（Daimler-Benz AG）のヴィルヘルム・キッセル（Wilhelm

Kissel)，アウト・ウニオン社（Auto Union AG）のカール・ハーン（Carl Hahn)，アードラー製作所（Adlerwerke AG）のエルンスト・ハーゲマイヤー（Ernst Hagemeier）らドイツ自動車工業界の重鎮を前に，オペル社を代表して次のような内容の意見を述べた。その要点は，ヒトラーの要求するような条件での国民車モデルの設計には応じないこと，そして早晩オペル社は独力で国民車を市場に送り出すつもりであること，であった。

アウト・ウニオンのカール・ハーンもノルトホフの意見に同調し，国民車の統一モデルの開発によってはドイツのモータリゼーションの問題は解決できないと述べた。むしろオペルとアウト・ウニオンが切磋琢磨して競争し合えば，１年後には確実に廉価な大衆車モデルが出現するであろうというのがハーンの考えであった。要するに，両者の主張は，ヒトラーの「国民車構想」が非現実的であり，自動車のような高価な耐久消費財の普及は，国営工場で戦車を作って配給すればそれで済むというものではなく，専門の自動車メーカーに任せてほしいという点で一致していた。

さらにノルトホフは次の点を指摘した。すなわち，いま開発されるべき小型車はアウトバーン仕様ではなく，むしろ既存の一般道路で快適に乗りこなせる車でなければならない。高速道路を走るためにエンジンを大きくし性能を上げれば製造費が当然高くなり，もはや安価な大衆車ではありえなくなるということであった。

しかし，ヒトラーの「国民車構想」はRDAの思惑とは無関係に進行し，36年にはポルシェの設計した「国民車」のプロトタイプが完成した。ドイツ経済全体はいまや統制経済体制へと移行し，原材料の各企業への配分が第１次４ヵ年計画に従って重点的に決定されるようになった結果，ノルトホフやハーンの意見自体が時代錯誤的――奇妙な表現ではあるが――なものになってしまった。自動車産業の場合，生産の重点は乗用車から貨物車（おもに物資輸送用のトラック）に移り，開戦後は民間メーカーの乗用車生産は完全に停止された。39年９月，リュッセルスハイムのオペル工場でも乗用車生産が打ち切られ，航空機部品の生産に切り換えられた。ただ，37年５月に労働戦線の１組織として設立されていた有限会社フォルクスワーゲン製作所

（Volkswagenwerk GmbH）のみが軍用乗用車の生産を許された。

オペル社は，35年，ブランデンブルクに貨物車生産用の新工場を建設し，新たに開発された貨物トラック「ブリッツ（Blitz）」の生産を進めていた。このブランデンブルク工場は，流れ作業が首尾一貫して行われるようになったドイツ最初の工場で，GMの生産技術が生かされていたことはもちろんであるが，当時世界でもっとも近代的なトラック工場といわれた[16]。オペル社が工場立地をブランデンブルクにした理由は，ライフライン関連産業の新工場はハノーファー線（Hannover-Linie）よりも東側に建設されなければならないというナチ政府の要求があったからである。

ところで，37年時点のドイツのトラック生産に占める割合では，第1位のオペル社が約36%，第2位のフォード社が17%で，上位2社がいずれも外資企業であることが興味深い[17]。ナチ統制経済下の外資系私企業の立場については，次節で検討することにしたい。

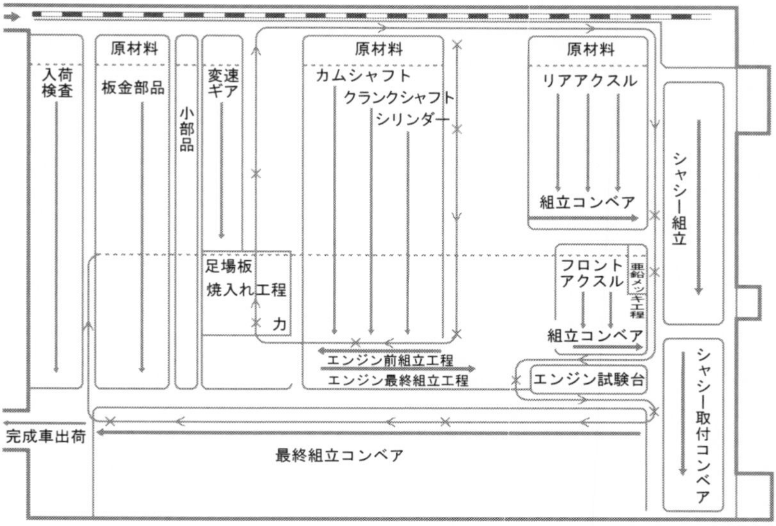


図1-3-1　オペル・ブランデンブルク工場の生産ライン（1935年）
（出所）Seherr-Thoss, a.a.O. S.337.

オペル社のブランデンブルク工場の建設によるトラック生産の拡大は，建設時点では明らかに賭けであったが，38年秋のドイツ国防軍のズデーテン地方への侵攻によって，国防軍のモータリゼーションの不十分さが認識されたことで，第2次4ヵ年計画では自動車の大衆化ということよりも，軍用貨物車の生産体制を強化することが喫緊の課題となった。つまり，読みが適中して急増する軍需をタイミングよく吸収し，オペル社は利益を上げたのである。オペル・ブリッツというトラックは，39年以降，国防軍が保有する貨物車の大部分を占めるようになっていった[18)]。もちろん4ヵ年計画庁（Vierjahresplanbehörde）は，トラック生産が米系2社すなわちオペル社とフォード社に偏らないように，ダイムラー－ベンツ社（以下D-B社と略記）にも発注するように配慮した。

30年代後半から，国防軍はオペル社にとってもっとも重要な顧客となった。ベルリンのウンター・デン・リンデン通りとヴィルヘルム通りとの交差点にある，いわゆるベルリン官庁街が，自動車メーカーと国防軍幹部との商談の場となった。オペル社の場合，ベルリンで国防軍との商談を担当していたのはベルリン支社長のエドゥアルト・ヴィンター（Eduard Winter）であったが，ノルトホフも社命でしばしばベルリンに滞在した。39年秋，ノルトホフは「官庁担当部（Behördenabteilung）」の長となり，首都ベルリンへ家族とともに移り住んだ。ベルリンでのノルトホフの仕事は，ときにはオペル車輸出の厄介な交渉もあったが，おもに国防軍の注文をとることであった。国防軍からの注文がなければ，資材と労働力の割当を受けることができなかった。このような仕事では，彼がアメリカで学んだマーケティングの知識が役立つことはほとんどなかったが，ノルトホフはいまや国防軍との交渉役としてオペル社の中枢にいた。40年5月，オペル社の監査役会はノルトホフを副取締役に任命した。

前述のように，開戦はGMの100％子会社であったオペル社に何の不利益ももたらさなかったどころか，むしろ同社はトラック販売によって利益を上げたほどである。40年1月に制定された敵国財産法（Feindvermögensverordnung）も結果的には同社に重大な影響を与えなかったし，41年12月のアメリカ参戦も状況を変えなかった。この時期のナチ経済は戦時経済体制であり，外資企業の資産が敵国財産であるとしても，要はその外資企業を戦時経済における軍需生産に協力させることができればそれでよかったのである。敵国財産管理局次官ヨハネス・クローン（Johannes Krohn）の見解によれば，「ドイツ企業と敵国の影響下にある企業との間に区別をつけることは絶対にすべきでない。むしろ重要なのは生産が行われることであって，それ以外のすべてのことは白黒はっきり区別できない灰色の領域の問題である」ということであった。

ただ，敵国財産のこのような保護的な取り扱いが可能であったのは，いうまでもなく当該の外資企業がナチ政府へ積極的に協力してきた場合に限られるのである。カール・リュアー（Carl Lueer）は，34年以来オペル社の監査役であったが忠実なナチ党員でもあった。42年11月，ヘルマン・ゲーリング（Hermann Göring）はリュアーをオペル社の管理官（Verwalter）[19]に任命した。管理官には会社の代表権はなかったが，ナチの意向を代弁する立場にあった。さらに管理官の補佐役として顧問団（Beirat）があり，それはオペル社の従来の監査役２名とシュペーア（Albert Speer）の軍需省からの代表２名を含む６名からなっていた。管理官も顧問団もオペル社の私企業としての地位を侵害することはなかったけれども，同社の独立性が完全に保証されているというわけでもなかった。

ヒトラーによって自動車産業の総検査官（Generalinspektor）に任命されたヤーコプ・ヴェアリン（Jakob Werlin）は，D-B社の元ミュンヘン支社長であった。ヴェアリンはSS（Schutzstaffel，親衛隊）と親密な関係にあり，SSは生産拡大に必要な労働力を配分しうる唯一の組織であったので，彼はSSの支援を得ればオペル社のブランデンブルク工場を拡張してトラックを増産することが可能であると考えた。しかし，オペル社の取締役会は資材も労働力も不足している折から，ブランデンブルク工場の拡張を拒否した。ノルトホフもヴェアリンの提案を拒否した取締役の一人であった（彼は，42年４月末に正式にオペル社の取締役となった）。拒否の理由は，表向きは資材と労働力の不足ということであったが，実のところはヴェアリンと密接な関係を持つことを避けたかったからである[20]。なぜなら，ヴェアリンの提案通りSSの支援を受ければ強制労働の供給を受け入れることにもなり，私企業としての独立性が失われる危険性があったからである。もちろん，ノルトホフはオペル社の本音をヴェアリンには伝えなかった。

結局，取締役会は，生産拡大の要求に対して機械を他の工場から移転することによって応じようとしたが，ヴェアリンはブランデンブルク工場拡張案にヒトラーの賛成を得ていたし，SS全国指導者のハインリヒ・ヒムラー（Heinrich Himmler）とも相談済みのことであったのでオペル社案を拒否した。こうしてオペル社の独立性が危機に瀕したわけであるが，このとき軍備・軍需大臣であったシュペーアは防空上の理由からブランデンブルク工場の拡張計画に反対していた。シュペーアはある代案をヒトラーに示し，了解を得た。その代案は，トラック生産拡大のためにラトヴィアのリガにある旧車両工場にオペル・ブランデングルク工場を移転させ，その新工場の所有権をオペル社に与えるという内容であった。

シュペーア案が示されたとき，ノルトホフは次期ブランデンブルク工場支配人として，実際に現地工場の様子を視るためにシュペーアの省の代表者とともにリガを訪れた。その結果，リガの工場は自動車生産には適していないことが判明したので，トラック生産はあくまでブランデンブルク工場で行われることとなった。おそらくオペル経営陣のそのような判断の背後には，ナチの言いなりにヨーロッパ東部地域へ進出するよりも，西部の先進工業地域に生産拠点を確保しておく方が将来有利であるという深慮遠謀があったに違いない。

SS指導者のヒムラーは，その後もオペル社のトラック増産に大きな関心を持ち，42年7月初めに工場拡張計画を改めて提案した。このときの候補地はオーバーシュレジエン地方のカトヴィッツであったが，これも結局実現しなかった。

いずれにしても戦時経済体制がますます強化されるにともなって，オペル社でも強制労働服役者（Zwangsarbeiter）が生産現場に投入されたが，しかし強制収容所の囚人は使われなかった。その理由は2つあった。1つ目は，資格のない未熟練の囚人を使えば，これらの囚人は作業中つねにSSに監視されることになり，二重の意味（すなわち，未熟練とSSの監視と）で生産の効率化が妨げられるということである。2つ目は，オペル経営陣がSSの反セミティズムのイデオロギーとは距離を置くことによって，SSと深い関係を持つことにならないよう配慮していたことである。

しかし，外資企業であるオペル社の，このような消極的姿勢は，当然ナチ指導層の不満の対象となった。オペル本社の所在地があるヘッセンの大管区指導官（Gauleiter）であったヤーコプ・シュプレンガー（Jakob Sprenger）は，42年5月にこう述べている。「アメリカ人の態度や一部のドイツ人取締役のせいで，管理者の大部分が党に対して極めて及び腰の対応をしている」と。

オペル社に対するSSからの政治的圧力は，シュペーアが新任の軍備・軍需大臣となって産業自治を推し進めることになり弱まった。42年4月以降，自動車中央委員会（Hauptausschuss Kraftfahrzeuge）の仕事は，自動車の車両規格と車両分類とを決めることであったが，同年6月23日からは自動車生産自体もこの委員会の管轄となり[21]，したがって，経済省から軍備・軍需省に移管されたわけである。シュペーアは特定の産業部門に自由裁量の余地を与えて，有能な経営者たちが，党の官僚機構に妨げられることなく，私企業独自の指導体制によって生産活動に最善を尽くすことができるよう期待した。このような私企業のなかで指導的立場に昇進すべき人材は，野心があって高い専門知識を持った新世代の人々であって，ノルトホフはまさにこのような新世代の経営者たる資格を有していた。

## Ⅳ　ナチ経営指導者としてのノルトホフ

1942年6月1日，ノルトホフは社命によりオペル・ブランデンブルク工場の経営責任者となったが，従来通りベルリンの諸官庁との交渉役でもあった。ノルトホフには，1つの工場の運営を一手に任された経験はそれまでなかったが，長期的な経営目標があった。あるいは将来の抱負といった方がよいかもしれない。その抱負とは，戦後のドイツ自動車産業はどうあるべきか，言い換えれば，どうあらしめたいかということについての彼の決意であった。

もちろん，彼の念頭にはアメリカ自動車産業の姿があった。いまドイツの自動車生産は軍需のためだけになされているが，戦争は早晩終わるはずのもので，軍需は一時的な需要である。将来の民間市場の復活と発展とに備えて，戦時からその準備を怠らないようにしたいと彼は考えていた。ノルトホフの眼は一貫して戦後のドイツに向けられており[22]，オペル社の取締役のすべてがノルトホフと同じ目標を共有していたわけではないが，少なくともGM社のドイツ総代理人ハインリヒ・リヒター（Heinrich Richter）とオペル社監査役フランツ・ベーリッツ（Franz Belitz）——両者はオペル社顧問団の構成員でもある——は，戦後に眼を向けた経営が必要であるという認識でノルトホフと一致していた。とくにリヒターは，ナチ統制経済の下でオペル社の存続と独立性を護るために弛まず尽力してきた人物であり，前述のSSからの政治的圧力をなんとか凌いできたのも彼の強い意志があればこそであった。ノルトホフは，このリヒターが厚い信頼を寄せた唯一人の同僚であった[23]。

ノルトホフは，もし戦争がナチの勝利で終われば，オペル社にとって悲惨な結果になることを予期していたが，しかし彼はアメリカの圧倒的な生産力と技術的優位を知っていたので，２年以内にドイツの敗戦に終わるであろうことを確信していた[24]。それだけではない。ノルトホフは，戦争が終結して自動車生産が私企業の意思のみによって行いうるようになったあかつきには，ドイツ自動車産業もアメリカ市場の繁栄の恩恵に浴するために，ぜひとも現地での競争に参加しなければならないと考えていた。ましてオペル社はGMの子会社であるわけだから，GM本社の支援によってアメリカ市場でも有利な立場で競争に臨めるはずであった。そのときが来るまでは，戦時中から生産合理化や製品開発を進めるだけでなく，たとえ細々とでも販売網の維持，輸出業務の継続に努め，従業員の結束を固めつつ生産能力の拡大を図っていくことが肝要であった。

ノルトホフはこの時期，アメリカの新聞を取り寄せて自動車製造技術の発展についての最新情報を得るよう努めていたといわれる。しかし現実には，当時のドイツの自動車工場は36年の状態に止まっており，その生産設備は絶え間ない酷使によって能力の限界に達していた。しかも鉄鉱石の供給が不十分であり[25]，品質も劣悪であったから，最新製造技術の導入はなおさら困難であった。

ノルトホフは，軍需生産に追われる日々のなかでブランデンブルク工場の舵取りをしなければならなかった。難問は続々と生じた。

すでに38年11月に施行されていた「公的注文品についての原価に基づく価格設定細則（Leitsätze für die Preisermittlung aufgrund der Selbstkosten bei Leistungen für öffentliche Auftraggeber）」は，企業に総原価による価格設定を義務付けたが，これによりオペル社は製造原価の公表をせまられることになった。従来オペル社では生産合理化のための投資を進めながら，その高い生産性によってトラックの販売価格を低く抑えることができた。しかし，総原価を基礎に価格設定をすることになれば，販売量に係わりなく価格設定をしなければならない。要するに，もしＡ，Ｂ２社が同一の生産設備・資材を利用しているものとすれば，生産性の高いＡ社の製品も，生産性の低いＢ社の製品も，その生産規模に係わりなく同一の販売価格になる。これでは，さらなる生産合理化が無意味になるわけであって，ノルトホフとしては，この法令がブランデンブルク工場の製品に適用されることをできれば避けたかった。

さらに，ノルトホフはもう１つ問題を抱えていた。それはオペル製トラック・ブリッツに対する輸出制限である。既述のように，ノルトホフは戦時中でもできれば輸出を継続したいと考えていたが，彼以外のオペル社の取締役は輸出の問題を軽視していた。結局，ノルトホフの努力にも拘わらず，国防軍がブリッツを全車必要としたために（ブランデンブルク工場は，43年第３四半期以降，ブリッツの95％を国防軍に納めていた），44年，輸出は完全に停止された。国外の支店には修理作業だけが残り，販売網はもはや機能していなかった。

いずれの問題もノルトホフの思い通りにはならなかったが，生産合理化が停滞し，民間販売が止められたとしても，エンジンの改良を続けることはできた。ノルトホフは，リュッセルスハイムのオペル本社に対して，国防軍からエンジン分野の注文を積極的に取るようにしたいという提案を行なった。エンジンの開発作業は，ブランデンブルク工場ではなくリュッセルスハイムの本社で行なわれていたから，ノルトホフがエンジン改良の指揮を直接執ることはなかったが，提案のさいに彼はこう語った。「(エンジン改良に取り組むことで［——筆者補足］) 現在の経験が将来完全に無価値にならないような活動を続けることができる」と[26]。

ノルトホフがエンジン改良に的を絞ったことには他にも理由がある。すなわち，国防軍が42年２月の自動車産業研究開発禁止条例（Entwicklungsverbot für die Kraftfahrzeugindustrie）の対象から除外するものとして，慢性的な燃料不足解消のための低燃費エンジンの開発を挙げたからである。オペル社によるエンジン改良の成果は，燃料直接噴射方式による新型エンジンであった。これによって，従来のエンジンより燃料消費を約20％削減できた。ノルトホフによれば，低燃費エンジンは戦時に有用であるばかりではない。むしろ，物資欠乏が確実に予想される戦後の時期にこそ必要となる。彼の眼はあくまでも戦後に向けられていた。

一方，ブランデンブルク工場ではトラック生産が順調に進んでいたが，リュッセルスハイムの方では航空兵器の生産のために自動車の生産を断念せざるを得なかった。ブランデンブルク工場のトラック生産もいつまでも続けられるという保証はなかった。というのは，トラック生産が国防上必ずしも緊急性の高いものとは位置づけられておらず，必要とあればブランデンブルク工場の生産設備自体が，他のより緊急性の高い兵器生産を担うメーカーへ移される可能性も十分あったからである。この状況は，42年春にシュペーアの軍備・軍需省がドイツ全体のトラック生産の新目標を掲げたときに一変した。

軍備・軍需省はトラックの生産車種数を削減することによって，ドイツ全体のトラックの総生産台数を飛躍的に増加させようとしたのである。そして，オペル社製３トン・トラック・ブリッツがこの飛躍的増産計画の対象車種に指定された。確かにオペル・ブリッツはすでに国防軍や民間に普及していたし，同種の３トン・トラックのなかでもとくに高性能と評価されていた。ブランデンブルク工場の重要性がにわかに高まったわけである。

だが，軍備・軍需省はブランデンブルク工場の拡張によるブリッツ増産を許さず，他社工場でのオペル・ブリッツの生産によって増産計画を達成しようとした。したがって，軍備・軍需省のトラック増産計画はオペル社にも他社にも歓迎されなかった。

オペル社の側からすれば，ブリッツの設計や製造技術のノウハウが他社に公開されるということであり，これはとくに戦後のドイツ市場での競争を念頭に置いていたGM社総代理人リヒターにとっては，ありがた迷惑な話であった。まして工場拡張も許されないとあればなおさらのことである。

他方，オペル以外の自動車メーカーにとっては，この計画は屈辱的なことであった。ことにシュヴァーベンの名門自動車メーカーであるD-B社にとって，オペル製トラックの複製を生産することは，いかに戦時経済の緊急

図1-3-2　オペル・ブリッツ（３トン・トラック 1936年型）
（出所）Seherr-Thoss, a.a.O. S.356.

体制下にあるとはいえ，４サイクル・ガソリンエンジン車を発明したパイオニア企業としての誇りが許さなかった。この計画に対するD-B社内の抵抗がいかに大きいものであったかは，42年春のトラック増産計画発表から実に２年後，44年の中頃にようやく2,000台のブリッツがD-B工場で生産され，それまでは１台も生産されなかったことにも表れている。D-B社内にあった，このような反感あるいは屈辱感は，OEM生産が常識となった現代のわれわれには十分に理解しがたい部分もあるが，当時のD-B社代表取締役キッセル（第Ⅲ節参照）がこの計画に強く反対して，ついに自殺するという事態の悲劇的結末を考えると，自動車産業のパイオニア企業の誇りがどのようなものであったかを想像することはできる。ちなみに，オペル・ブリッツはD-B社のマンハイム工場とガッゲナウ工場で49年まで生産されていた。

オペル社には，３トン・トラックメーカーのなかでブリッツ生産のライセンス供与企業として指導的役割が与えられた。その結果，ブランデンブルク工場の経営者の立場にあるノルトホフは，新たに組織された３トン・トラック特別委員会の長になった。この３トン・トラック特別委員会は自動車中央委員会の下部組織であったから，ノルトホフには３トン・トラック特別委員会の代表として自動車中央委員会に出席する役割も与えられた。

ノルトホフは，３トン・トラック特別委員会代表としての彼の立場を，ブランデンブルク工場の生産能力を確保するために巧みに利用した。たとえば，ブリッツを国防軍に大量かつ安定的に供給するために大量生産の効率性を損ないたくないという口実で，トラック生産を兵器生産に切り換えたり，自動車生産以外の目的で工場の生産設備を利用しようとする当局の介入の動きを牽制した。つまり，３トン・トラック特別委員会代表という立場にノルトホフがいたということが重大な意味を持っていたのである。この点は後述するノルトホフの非ナチ化裁判の取調べの過程でも問題になった[27)]。戦時中，ブランデンブルク工場が兵器生産にその生産能力を割かれることなく，自動車という「平和時の製品（Friedensprodukt）」の生産だけに従事できたことは，明らかにノルトホフの功績であった。

ノルトホフはまた，ブランデンブルク工場専用の鋳造施設が必要になったときにも，特別委員会の長という立場を利用した。トラック生産は軍備・軍需省の管轄ではあったが，鋳造施設の新規購入を許せば，オペル・ブランデンブルク工場という敵国財産の増大を認めることになるとして経済省からは反対意見が出された。しかし，ノルトホフは委員会において，生産能力確保の観点から，工場にとって唯一の，しかも空襲の危険に絶えず曝された供給業者に頼っている現状は早急に改善しなければならないと主張した。さらに彼は，ブランデンブルク工場で必要となる鋳造能力を保有する業者として，ライプチッヒの業者ベッカー（Becker）を具体的に候補として挙げた。とくに43年初夏の，ライン川流域とルール地方への爆撃があってからは，ライプチッヒという立地の利点が明らかになった。

D-B社では前述の理由で再三にわたりオペル・ブリッツの生産を延期していたので，ブリッツのライセンス生産のためにD-B社に割当てられた資材がブランデンブルク工場にそのまま残っていた。ブランデンブルク工場で生産能力に余裕が生じたとき，これらの資材を使うことができたのも，ノルトホフが３トン・トラック委員会の委員長であったからである。したがって，同工場では戦時の慢性的不足状態のなかでも，資材や機械や人的資源をなんとか確保できたのである。

戦時中，ブランデンブルク工場の生産能力が100％利用されたことは一度もなかったが，ノルトホフの指揮の下その生産高は継続的に上昇した。当時，同工場の日産台数は勤務交替なしで50台，２交替で100台，３交替で150台であった[28]。43年５月には，ルール地方への爆撃によって資材不足が相当深刻となっていたにも拘らず，2,359台という工場開業以来最高の月産台数を記録した。同年11月には日産90台を記録したので，ノルトホフは12月の目標を100台とした。さらに44年３月には2,535台のトラックが生産され，前年５月の記録を上回り，44年６月にはついに月産2,600台を記録すると同時に，これが「ヨーロッパにおけるトラック生産台数の最高記録」となって祝賀行事が行われた。

この間，42年６月以来のブランデンブルク工場の「経営者」としての功績が，軍需省，国防省および大管区指導部（Gauleitung）の認めるところとなり，ブランデンブルク工場は「戦時モデル経営」（Kriegsmusterbetrieb）に指定された。42年末のクリスマス期間中，ブランデンブルク工場で東部戦線へ投入するための特別装備のブリッツが生産されていたとき，ノルトホフのもとにアルベルト・シュペーアからの個人的な賞讃の手紙が届いた。43年11月，国防軍第３管区の軍備査察官ヒラート（Hillert）将軍はノルトホフを国防経済指導者（Wehrwirtschaftsführer）に任命した。44年３月には，党の管区指導官がブランデンブルク工場に「黄金の軍旗」を授与した。以上の点がノルトホフの非ナチ化裁判で問題とされたことはいうまでもない。もちろん，ノルトホフの真意はブランデンブルク工場の生産能力の維持という点にあるわけだが，結果として戦時経済に貢献することになるのは当然の成り行きであった。またそれ以外に，外資企業オペル社がナチ政権下のドイツで生き延びる道もなかった。

しかし，このようなブランデンブルク工場の生産面での大きな成果が相当数の強制労働服役者に支えられていたことは，問題とされてよいかもしれない。前述のように，オペル社では強制収容所の囚人は使わなかったが，強制労働服役者は大量に受け入れた。だからこそ兵役による人手不足にも拘らず，人的資源の確保ができたのである。ブランデンブルク工場の全従業員に占める強制労働の割合は，金属加工産業全体の平均値をかなり上回っていた。

ブランデンブルク工場では開戦当初3,382名の男性従業員が勤務しており，そのほとんどがドイツ人であったが，42年末にはすでに男性従業員の52％が外国人労働者であった。これら外国人労働者の国籍は18ヵ国に及んでおり，そのうち700名がソ連国籍の労働者であった。外国人労働者はすべて工場のすぐそばに建てられた大きなバラックの仮宿舎に住んでいた。43年初頭には外国人労働者の総数1,771名で，これは全従業員数3,966名のうちの45％弱が外国人労働者であるということであった。その数は同年５月には2,100名に達したが，同年末ブランデンブルク工場の全従業員数は2,800名に減少し，そのうち1,500名が外国人であった。１年足らずのうちに従業員数が大幅に減少したのは，もちろん兵役によるものもあるし，約600名いた同盟国および被占領国の外国人の場合，夏期休暇から工場に戻って来なかったり，他企業に移動したりした結果である。残った1,500名の外国人労働者の国籍は23ヵ国に及び，そのほとんどがソ連・東欧出身であった。44年には従業員数が3,000名にまで戻るが，その半数以上が外国人労働者であった。

ノルトホフが外国人労働者採用の問題に最初に直面したのは，42年にブランデンブルク工場の経営責任者となったときであった。捕虜やソ連・東欧諸国からの民間の強制労働服役者の取り扱いについては，開戦当初に顕著であった非人道的・人種差別的方針が42年夏頃にはやや緩和され，労働者の生活条件や作業能力の改善に配慮して質の高い労働力を長期的に維持することが幾分重視されるようになった。これはスターリングラードの攻防戦の過程で，すでに敗戦を予期してのことか，ドイツの大企業における強制労働服役者の生活条件が改善され始めたことに表れている[29]。といっても，ほとんどの軍需産業においては依然として非人道的な条件下で強制労働が行われていた。

ノルトホフにはナチズムに見られるような人種的偏見は全くなかったし，彼は篤い信仰心をもったカトリック信者であったから，人間の尊厳に対するそのキリスト教的な倫理観が強制労働服役者への人道的処遇となって表れた。後述する47年の非ナチ化裁判所の判決でも，ノルトホフが外国人労働者や捕虜に「正しい処遇」を与えたことが指摘された。非ナチ化裁判における証言や当時のさまざまな記録から知りうる限りでは，ノルトホフは労働者の待遇において「分別のある，実際的な」原則に従った。彼は強制労働服役者の栄養補給にまず配慮し，しかるのちに服役者の勤労意欲を高める方法を考えた。ノルトホフによれば，外国人労働者の勤労意欲を高めるために一番大切なことは，彼らに会社への帰属意識を与えることであった。そのためには労働者を国籍によって差別してはならず，目標達成に向かって全員が協力できる体制を作らなければならない。

ノルトホフの非ナチ化裁判で証人となったカール・レヴィオール（Karl Reviol）は，33年までリュッセルスハイムのオペル社工場委員会の委員長であり，ブランデンブルク工場に移ってからは事故および保護被服係としてノルトホフ直属の部下となったが，彼は当時ノルトホフから直接，「外国人従業員および東欧からの労働者にはすべて，作業着と平服の配給についてできる限りの便宜を図るように」という指示を受けたことを証言した。さらに，「外国人労働者の作業能率が平均を超えていた場合には」，ノルトホフの提案によって何らかの形で特別賞与が支給された。また，工場保安長（Werkschutzleiter）が外国人労働者を夜間労働に動員したいと申し出たとき，ノルトホフはこれを禁じた。非ナチ化裁判におけるその他の証人も，外国人労働者に対するノルトホフの人道的取扱いについて同様の証言を残している。

もちろん，このようなノルトホフの人道的労務管理は平時においては当然のことで，取り立てて評価すべきほどのことではないかもしれない。しかし，彼の人道的管理は，死の恐怖による強制労働がむしろ常態化した状況下で，二重三重の制約にかろうじて抵抗しつつなされたものである。前述のように夜間労働をめぐってノルトホフと工場保安長との間に意見の相違があって，しかもなおノルトホフが自らの意見を通すことができたのは，ナチ上層部でトラック生産に対するノルトホフの貢献が評価されていたからに他ならない。たとえブランデンブルク工場の経営者であっても，ノルトホフの裁量範囲は基本的には生産分野に限定されており，生産管理と切り離せない労務問題についてのみノルトホフの発言がわずかに許されたのである。

たとえば，ブランデンブルク工場のそばにあった外国人労働者用のバラック建ての仮宿舎は，SA（Sturmabteilung，ナチ突撃隊）分団長の指揮下にある工場保安員の管轄下にあった。分団長および工場保安員らは強制労働服役者を規則的に虐待した。非ナチ化裁判での証言によれば，強制労働服役者の処遇について決定権を持っていたのは工場保安長であって，ブランデンブルク工場ではノルトホフと工場保安長との意見対立が見られることも稀ではなかったということである。

要するに，工場管理と工場保安という分業体制が成り立っていたのであって，工場における権力は２つに分割されていたのである。したがって，工場管理の責任者は，工場保安のために必要となる暴力行為に関与する必要もなく，また暴力行為を黙認せざるをえなかったのである。とくに42年夏以降には，もし強制労働の大量投入がなければ，ブランデンブルク工場の生産が停止していたであろうことは明らかであり，それは工場のすべての関係者が承知していたことであった。そして強制労働による生産が，SA の恐怖政治なしには機能しなかったことも明白である。結局のところ，ノルトホフの人道的管理というものが果たした役割は極めて限定的であった。彼は生産を続行するために強制労働のシステムと妥協せざるをえなかったのであり，ナチ政権下の経営指導者としてはそれ以外の選択肢はありえなかった。

しかし，このときのノルトホフの苦い経験と反省は，戦後の VW 社の労務政策に生かされることになった。青年ノルトホフがアメリカでの修業時代に得た，「労働は単なる義務の遂行ではなく，スポーツにおけるチャレンジ」であるという労働観は，ナチ時代にその対極にある強制労働と向き合うことにより，「弁証法的」進化を遂げたといえるのではないか。

44年８月初旬，おそらくノルトホフにとっては意外なことであったに違いないが，連合国の爆撃機がブランデンブルク工場を破壊した。当時オペル社では，米軍が「身内の」工場ともいえるオペル工場を爆撃するかどうかという点について意見が分かれていたが，同社のリュッセルスハイム工場が爆撃によって破壊されたとき，オペル社幹部は米軍および GM 社が戦後ただちにオペル工場の操業を再開する意思がないことを思い知らされた。ブランデンブルク工場が破壊されたときにもノルトホフは深い失望感を覚えた。何のための生産の継続であり，生産の合理化であり，エンジンの改良であったのか。戦後の民間市場の再生に備えてのことではなかったのか。そういう思いがノルトホフにあったに違いない[30]。

ブランデンブルク工場への爆撃によって破壊されたのは，工場施設の50%，機械設備の20%であった。もちろん，操業をすぐに再開できる状態ではなかったので，ノルトホフはその頃ブリッツのライセンス生産をようやく始めた D-B 社のマンハイム工場へ100名の労働者を派遣すると同時に，ブランデンブルク工場の再建にも着手した。彼は工場再建の過程で老朽設備の処分を進めながら，破壊された機械を補充するために，３トン・トラック特別委員会におけるその立場を再び利用して軍備・軍需省と交渉し，オペル社への1,100台の機械設備の新規割当てを確保したので，生産再開は数カ月で可能となるように思われた。このような機械や資材の調達の動きは生産再開を大義名分とはしていたが，実はそれだけが目的ではなかった。オペル社幹部はすでにドイツの敗戦を予期し，終戦も近いと考えていた。第１次大戦後の時代を思い出す幹部は，敗戦という結果になれば現行のライヒスマルクが無価値になると見ていた。ノルトホフもその一人であった。

ところで，ナチ統制経済下の価格政策は，36年以降，価格監視から価格形成へと大きくその方針を転換していた。同年，ヘルマン・ゲーリングはヒトラーから第２次４ヵ年計画実施の全権を委任されると，４ヵ年計画庁のなかに価格形成部を設けた。価格形成部の任務は，「国民全体の生存と安定」のために「適正価格」の形成に直接的に関与することである。では何が「適正価格」か。総原価による価格設定が，ブランデンブルク工場の経営責任者となったノルトホフを悩ませた問題であったことは先述のとおりである。しかし，私企業は「公益」のために必要とあれば，さらに原価以下で製品を販売することも強いられる。したがって，「適正価格」とは必ずしも原価価格ではなく，原価以下の価格である場合もありうる[31)]。私企業が「適正価格」を超えて製品を販売したことにより得た「超過利益」は財務省によって没収される。ナチ政府は企業利潤の獲得自体には何ら制限を設けていないが，利益の蓄積は価格政策によって実質的に制限されていたのである。しかも資本投資法（Kapitalanleihegesetz）により利益配当が６％以下に制限されたことにより，戦時中，企業業績（たとえば出荷台数，売上高など）がいくら向上しても，株価は下落し続けた。

ことにオペル社のような外資企業の内部蓄積に対して，財務省はその大半を「超過利益」と見なして没収する計画であった。リヒターはこの計画に憤慨しつつも，戦争が終結したときに資金不足に陥らないよう，できるだけ多くの現金を留保しておきたいと考えていた。しかし，ノルトホフは戦後ライヒスマルクが無価値になることを想定していたので，リヒターとは異なる意見であった。すなわち，現金ではなく物で保有しておく必要があるということであった。

ノルトホフは，工場再建のため機械設備を軍需省から買い取る際，その代金総額3,500万ライヒスマルクを月割りで支払うという了解を得ることに成功した。それまで軍需省が敵国外資企業に対してそのような便宜を図ったことはなかったのであり，3トン・トラック特別委員会におけるノルトホフの人望によるものであることは明らかである。ノルトホフはシュペーアの尽力もあって工場再建を順調に進め，45年初めには生産再開が予定されていた。その折には，D–B社に派遣された社員が呼び戻され，低燃費の高性能エンジンを搭載した新型ブリッツの生産が始まるはずであった。しかし実際には，生産再開の前に，45年4月，ソ連軍が工場を占領し，即座にその解体を始めた。

ノルトホフ自身は，ソ連軍による工場占領に立ち会うことはなかった。その頃，彼は肺炎の治療のためにすでにベルリンを去り，妻と娘とともにハルツ地方の療養地バート・ザクザ（Bad Sachsa）に滞在していた。彼は終戦もその地で知った。

バート・ザクザの近くには自動車中央委員会の上部組織である輸送機械産業の経済団体の本部があり，自動車中央委員会の会長は42年以降，旧BMW社部長のヴィルヘルム・シャーフ（Wilhelm Schaaf）であったが，中央委員会の業務はヴィルヘルム・フォアヴィッヒ（Wilhelm Vorwig）が一手に引き受けていた。フォアヴィッヒは，36年，ポルシェの「国民車」の試運転を指揮した人物である。帝国ドイツ自動車工業会（RDA）の主要メンバーの中心にいたのは，このフォアヴィッヒであった。彼は終戦後，RDAをなるべく速やかに33年以前のドイツ自動車工業会のような連合会組織に再編成したいと考え，ベルリン時代から親しい間柄であったノルトホフとともに，45年6月15日，自動車工業会の再編計画を提出するために，フランクフルト（マイン）のアメリカ軍政府司令部へ赴いた。そこで彼らが面会したのは，GM本社幹部の一人でありオペル社最後の監査役でもあって，そのときはOMGUS（Office of Military Government, United States，アメリカ軍政府）の自動車工業担当官となったエリス　S. ホーグランド（Elis S. Hoglund）であった。ホーグランドはノルトホフとはオペル社時代の同僚であり，再編計画案に興味を示したものの，事態の進展はなかった。むしろホーグランドは，ノルトホフに対して個人的に距離を置く態度をとったといわれる[32]。

アメリカ軍政府は終戦後まもなくリュッセルスハイムのオペル工場を占領し，ただちに再建の指令を出した。生産再開の指令を受けて，工場管理者ハインリヒ・ヴァーグナー（Heinrich Wagner）は，1.5トン・トラック・ブリッツの生産を準備した。ノルトホフはこれをどう受け止めたであろう。しかも彼が心血を注いだオペル・ブランデンブルク工場は，ソ連軍によってすでに解体された。リュッセルスハイム工場では，さらにオリンピア（Olympia）の組立も再開される予定であったが，オペル社の将来もっとも有望な乗用車モデルであったカデット（Kadett）の全生産設備は，45年秋にソ連軍によって運び去られていた。ともかくも，1.5トン小型ブリッツの生産は46年にようやく再開され，乗用車モデル・オリンピアとカピテーン（Kapitän）の生産も47年および48年に順次再開された。

法的には相変わらずオペル社取締役であったノルトホフは，45年夏に家族とともにハルツからリュッセルスハイムへ移った。しかし，彼はオペル社重役ではあったが，場合によっては戦犯という判決が下されるかもしれない身の上であったから，ノルトホフの将来の処遇についての決定権は，もはやオペル社にも親会社のGM社にもなかった。

45年９月26日に米軍政府によって発令された法令第８号は，「私企業の分野で指導的立場にあった国民社会主義者が［戦後――筆者補足］業務を継続すること」を禁じていた。問題は，ノルトホフがこれに該当するか否かということであった。その判定は最初，グロース・ゲーラウ郡会事務局（Gross-Gerau Landratsamt）の審査会に委ねられ，審査会はノルトホフがその役職上やむを得ずナチに協力したことであって，彼は非ナチ化の対象にはならないという決定を下した。しかし，米軍政府はこの決定を認めなかった。なぜなら，既述のようにノルトホフが国防軍から国防経済指導者に任命されていたということだけで法令第８号に十分該当すると判断されたからである。

この点について米軍政府経済部産業課がさらに調査を進めた結果，国防経済指導者とはいかなる役割を担うものであったかが次第に明らかになった。国防経済指導者というのは，軍事経済委員会によって与えられた単なる肩書であって，実態は企業経営について助言を与える専門経営者であった。したがって，米軍当局もいったんは国防経済指導者という肩書だけで強制的に地位を追われることはないという判断に傾いたが，46年３月に非ナチ化の新しい考え方が導入され，ノルトホフにとって再び不利な状況となった。

この新しい考え方によれば，形式的に（あるいは肩書だけで）ナチ組織に属していたことが重大な判定基準にならないとしても，あるいはイデオロギー上ナチズムから距離を置いていたとしても，ナチに協力した経済指導者の責任を免れることはできないということであった。ノルトホフは戦時中とくに効率よく運営された軍需工場のトップとして，ナチの統治機構のなかで利益を上げていたことが問題となってきたのである。占領軍による非ナチ化裁判自体が大きな矛盾を抱えていたことはいうまでもないけれども，ノルトホフの非ナチ化裁判で記録された工場委員会メンバーの次のような証言が，ナチ時代のノルトホフの役割を語り尽くしている。すなわち，

「彼はナチのイデオロギーとは何の内的関係も持っていなかった。そして彼は，軍需産業のために傑出した能力を存分に投入することによってその地位を確保しながら，慎重にバランスをとってあらゆる対立を避けた」

と[33]。

失業状態のノルトホフに対してハンブルクから仕事の勧誘があったのを契機に，46年11月初め，彼はイギリス軍占領地区にあるハンブルクへ転居した。彼はハンブルクで非ナチ化裁判所の審理結果を待つことにしたのである。この間，ノルトホフ弁護に協力したのはドイツ人証人だけではない。GMの副社長であり，戦時中はアメリカ政府の官僚でもあったG.K.ハワード（Graeme K. Howard）は，45年以降は欧州GMの営業統括者であった。彼

は米軍政府経済局の長官であったW.H. ドレーパー（William H. Draper）将軍と電話で相談した後，ハワード自身がノルトホフ弁護の証言を試みた。彼は，戦後のドイツ経済再建の過程でこそノルトホフのような有能な経営者が必要となることを訴えた。

GM本社の重役のなかにはハワード以外にもノルトホフ弁護に協力する人はあったが，結局ノルトホフは主要戦犯（Hauptschuldiger）として起訴された。その理由は，彼がNSKK（Nationalsozialistisches Kraftfahrkorps，ナチ自動車兵団）の翼賛会員であったこと，ドイツ労働戦線の経営指導者であったこと，３トン・トラック特別委員会の会長であったこと，ブランデンブルク地区経済会議所の副会頭であったこと，そして国防経済指導者に任命されたことが挙げられた。これに対して，当時ハノーファーに本部を置くイギリス軍占領地区の自動車工業生産委員会――これは後のドイツ自動車工業会（Verband der Automobilindustrie e.V.）の前身――の会長で，51年にドイツ自動車工業会の会長となった前述のフォアヴィッヒを中心としてノルトホフ弁護のさらなる努力が続けられた。

ノルトホフの実質的な責任を問う場合，やはり彼がナチの経営指導者として軍需生産に少なからぬ貢献をしたことが主要な争点となる。すなわち，それが貢献であるのか強制であるのかという点である。エーデルマンは，この争点となる部分に何も言及していない。ノルトホフの非ナチ化裁判において弁護人の証言記録がある以上，原告（米軍政府）の主張の詳細も明らかにできたはずである。私見では，ノルトホフの責任の有無は，ナチの統制経済下で経営指導者という立場にどの程度の自由な意思決定が許されていたのか，換言すれば企業の存続を至上命題としたノルトホフに他にどのような選択肢が残されていたかを検討しなければ判断できない難しい問題である[34)]。

47年１月末，審理が終わり，非ナチ化裁判所はノルトホフが「追放解除された（非ナチ化された）者」に該当するという判決を下した。ノルトホフ自身が回想しているように，いったん主要戦犯として公職追放リスト（Entlassungsliste）に載りながらこの判決が出たことは，弁護側の多くの証言が効を奏した結果に他ならなかった。

しかし，米軍政府はこの判決に対して47年夏に控訴した。これはノルトホフにとっては全く意外な成り行きであった。なぜなら，彼はGM本社やオペル社内に彼自身に対する極めて好意的な雰囲気があることを，審理の過程でよく承知していたからである。結局彼は，米軍占領地区では依然として「追放解除されていなかった」。さらに，この米軍政府の控訴に対してGM本社が全く沈黙の態度をとったことは，ノルトホフを大きく落胆させた[35)]。いずれにしてもこのままでは，ノルトホフは米軍占領地区にあるオペル社での活動を再開することも，同地区内の他企業へ再就職することもできなかった。

## V　フォルクスワーゲン社の再建

イギリス軍政府は，米軍政府とは異なり，占領当初から非ナチ化の問題よりも経済問題を優先させていた。英軍占領地区の自動車工業生産委員会の会長であったフォアヴィッヒの推薦と仲介により，英軍政府は，やはり47年夏（米軍政府の控訴前か控訴後かは不明）にノルトホフにある提案を行ない，ノルトホフは熟考ののち同年末にこの提案を承諾した。その提案とは，彼がフォルクスワーゲン社（当時はまだVolkswagenwerk GmbH，すなわち，フォルクスワーゲン有限会社であり，本社所在地は48年まではベルリンであった）の総裁となって同社の再建を担うことであった。

VW社のヴォルフスブルク（Wolfsburg）工場（工場所在地をヴォルフスブルクと命名したのは英軍政府であった）は，45年，英軍政府によってドイツ労働戦線の財産の一部として差押さえられた。英占領軍は，緊急に輸送手段を必要としていたので，差押さえると同時に同工場での生産継続を許可していた。48年までに２万台の自動車を占領軍当局に供給せよという，45年９月17日の命令があったから，工場は解体されずに済んだ。解体はされなかったけれども，44年には１日数回に及ぶ空爆によって工場の約３分の２の施設が破壊され，73名の死者と160名の負傷者を出した。44年末までの戦災による工場被害額は8,600万ライヒスマルクに上った。

ちなみに，このヴォルフスブルク工場でも，オペル・ブランデンブルク工場と同様，戦時中多くの外国人労働者が働いていた。同年の統計では約17,000名の従業員総数のうち70％が外国人労働者であった。工場への占領軍の進駐が始まったとき，なお約9,000名の従業員がおり，かつてKdF（Kraft durch Freude，歓喜力行）車の町（現在のヴォルフスブルク）と呼ばれた所に17,109名が住んでいたが，住居といっても避難用の仮小屋にすぎなかった。

終戦直後，ヴォルフスブルク工場は軍用車の修理工場として使われていたが，前述の45年９月の英軍政府の命令によってバケット車（Kübelwagen）といわれる軍用車の生産が開始された。同年末までに1,785台生産されたが，ほとんどすべて手造りであった。

46年には依然として工場施設の整備・再建が続けられたが，特筆すべきは，この年いわゆるビートルの生産がいち早く再開されたことである。まだ通貨改革前のことであるから，１台の販売価格は5,000ライヒスマルクと設定された。月産平均2,000台の生産計画が立てられたが達成できなかった。ただし，ビートルの販売先は軍政府および官公庁に限られ，民間への販売はまだ許可されていなかった。47年初めには石炭不足によって休業を余儀なくされたこともあった。しかし，この年から民間販売が許可され，VW社のその後の発展につながる決定的な出来事があった。ビートルが初めて輸出されたのである。その輸出先はオランダで，最初56台出荷された。ヴォルフスブルク工場の同年の乗用車生産台数は8,990台であり，そのうち1,656台が輸出された。戦後，ドイツ自動車工業全体に課されていた輸出制限は，VW工場だけには適用されなかった。ドイツ自動車工業再建のスタートラインにおいてVW社だけに与えられたこのような優遇措置は，戦後の同社の急成長を可能にした要因の１つである。

その後冷戦の開始によって，アメリカもドイツを西ヨーロッパ安定化の核とし，西側占領地域の経済発展を推進する方針に転換した。そのため自動車税も計画より低く抑えられたし，それによってドイツのモータリゼーションの急速な進展が期待された。自動車輸出も，原料や機械の輸入が必要となればなるだけ，西側地区の工業の再建を加速するためになお一層必要となった。すでに47年にはドイツ国内市場においても営業用車を中心として相当量の需要が見込まれた。なぜなら，既述のとおりドイツでは戦前においても自動車の普及率（人口比保有率）が低く，戦後復興の過程で未開拓市場の大きな需要が期待されたからである。

ノルトホフがVW社再建の指揮を執ることを引き受けたとき，彼はなお英占領軍当局の指令に縛られていたが，占領軍当局は次第にこの指令権を行使しないようになり，彼に大きな行動の自由を与えた。ノルトホフが就任後まず着手したのは，従業員の士気を高めることと同時に，国内外の販売・顧客サービス体制の整備・拡大であった。彼は，就任早々の48年２月28日にフォルクスワーゲン保険会社（Volkswagen-Versicherungs-Dienst）を設立し，顧客に対する保険サービスも始めた。輸出先もデンマーク，ルクセンブルク，スウェーデン，ベルギーおよびスイスと拡大し，この年だけで4,464台のビートルが輸出され，輸出比率は総生産台数の23％になった。ノルトホフの輸出重視の方針は当初から一貫していた。翌年には，ビートルがオランダの輸入総代理店によってアメリカへ運ばれ，ニューヨークのドイツ工業製品見本市に展示された。以後，アメリカ市場におけるビートルの快進撃が始まった。販売をさらに拡大するために，49年にはVWの金融子会社（Volkswagen Finanzierungsgesellschaft mbH）が設立された。この年のVW社の国内市場占有率はすでに49.3％もあった。

49年９月，英軍政府はVW社の資産全部をドイツ連邦政府に譲渡し，連邦政府の委任の下にニーダーザクセン州政府が同社を管理することになった。しかしながら，それによってノルトホフの自由な立場が変わることはなかった。当時シュピーゲル誌は，VW社の真の受託者はニーダーザクセン州ではなく，ノルトホフであると批評した。VW社の所有者はいったい誰なのかという問題については，60年に同社の株式会社化をめぐる法案が可決成立するまで利害関係者間の意見対立が続いたが，このことがVW社の発展を妨げることはなかった。最終的に連邦政府とニーダーザクセン州政府がVW社の株を合計40％引き受けることになった（資本金６億ドイツマルクのうち連邦政府とニーダーザクセン州政府とがそれぞれ１億２千万ドイツマルクを引き受け，残りの３億６千万ドイツマルク分の株式を一般投資家に１株200ドイツマルクで公開した）ときも，ニーダーザクセン州の財務大臣は，形式上株式会社の新社長となったノルトホフに対して，今後も州政府がVW社の経営に介入することはないと保証した。

ノルトホフは，48年１月１日にVW社の総裁に正式に就任してから，実に20年間の長期にわたって同社のトップとしてその経営を指揮した。しかも60年以前はVW社の真の所有者も不在の状態で，ほとんど誰からも干渉されることなく，思いのままに手腕を発揮できた。ノルトホフが良くも悪くも戦後のVW社の企業文化をつくり上げたことは間違いない。

本稿の冒頭で筆者が指摘したように，ノルトホフの戦後20年間の経営の支柱は，ビートル１車種の大量生産戦略であり，VW社はそれによって歴史的成功を収め，しかもヘンリー・フォードと同じ失敗を繰り返した。その失敗とは，主力車種の売上に頼りすぎて製品多様化のチャンスを逃したことである。もちろん，ノルトホフはその危険性を十分承知していたはずである。なぜなら，彼はアルフレッド・スローンのGMで自動車販売の基礎を学んだのだから。だからこそ彼は販売を何よりも重視したのであり，そもそも大量生産という戦略が成り立つのは大量販売という前提があるからである。しかし大量販売が，モータリゼーションの遅れたドイツでいかにして可能か。ドイツといっても，広い領土を有していた戦前のドイツではない。すでに48年６月のロンドン６国協定において，西ドイツ政府の樹立と西ドイツ経済の西ヨーロッパ経済への編入が決定されている。東独地域を失った西独国内市場はさらに限られている。

ノルトホフは，50年にドイツ技術者協会（Verband Deutscher Ingenieure）での講演で，次のように語った。「戦前のルールや経験は，もはや絶対的な真理ではない」と[36]。戦後の生産計画でノルトホフが前提としたことは，戦後の西ドイツの乗用車市場が，戦中期はいうまでもなく，戦間期とも全く異なる基準で捉えられねばならないということである。終戦直後のドイツ国民の購買力の状態や，容易に予想されうる乗用車購買層の統計だけによって生産計画を立てるべきではないと，ノルトホフはいう。彼によれば，精緻な統計的予測よりも，現場での集中的かつ組織的な市場観察が重要である。50年代の中頃に西ドイツ国内市場の飽和の見方が業界で支配的になり始めたときにも，彼は市場拡大がさらに進むと確信していた。

55年に新運輸財政法（das neue Verkehrsfinazgesetz）が施行されて，営業用以外のユーザーに対しても乗用車保有に課される諸税が軽減され，新たな購買層が広がることが予想されたにも拘らず，当時のD-B社代表取締役のフリッツ・ケネッケ（Fritz Könecke）は，自動車景気を煽りすぎるのは危険であると警告を発していたし，西ドイツ国内の主要な経済研究所が，国内市場の飽和は遠い将来のことではないので，「誤った投資」をしないように自動車メーカーに注意を促していた。しかし，ノルトホフには自信があった。ケネッケの見方は，戦前のドイツ自動車工業の顧客の中心が富裕層であった，したがって販売数量も限られていた時代の経験に基づくものであった。統計的な需要予測だけに頼っていては，西ドイツで乗用車の大量生産を実現することは到底不可能である。営業努力によって市場は開拓されなければならない。55年にノルトホフはこう語った。「われわれの時代の，産業におけるすべての偉大な成功は，つまるところは販売における成功である」と[37]。すでに50年にも，彼は営業の重要性について次のように指摘していた。

「自動車会社は，たとえ平凡な製品しか生産していなくても，営業上の必要性に，巧みにかつ徹底して気を配っていれば，至極順調に存続して行くことができる。［逆に］独創的に設計された自動車であっても，もしその技術的な大胆さに営業的才知が加わっていなければ，すぐに忘れ去られる束の間の成功（Eintagsfliege）となりうるということである。」[38]

そして，ノルトホフがその営業的才知を傾ける対象とした独創的な自動車こそビートルであった。ノルトホフには当初ビートルに対する反感があった。その理由は，いうまでもなくビートルがナチ時代の「国民車計画」の産物に他ならなかったからである。彼は当時オペル社の社員として，むしろオペル社製の国民車の誕生を期待していた（実際，37年にP4というオペル社製国民車が発表された)。それにも拘らず，ノルトホフがビートルを自社の主力製品とせざるをえなかったのは，ヴォルフスブルク工場では前述のようにノルトホフの総裁就任以前に，英軍政府の必要からすでに軍用車とビートルの生産を再開していたからである。48年時点の自動車メーカー各社の生産台数を比較すると，VW 社19,127台，D-B 社4,608台，オペル社6,028台で，VW 社は他社に比べて約２倍の生産実績があった。この競争上の利点を放棄してまで１からやり直す必要は毛頭なかった。

ビートルの大量生産はこうして始まった。もちろん，ノルトホフ自身技術者であったから，ビートルの技術的欠点にも気付いていたに違いない。しかし，若きノルトホフがアメリカで学んだことの１つに，「技術的優位性をもつ製品が必ずしも営業的に成功するとは限らない。営業的成功というのは，製品価格と製品性能が大衆の要望と購買力に合致したときにもたらされるものであり，その鍵は合理的生産方法の採用にある」ということがある。ノルトホフ在任中，ビートルは世界中で約1,000万台販売されたが，48年度の２万台弱の生産台数はその第一歩であった。しかし，戦後間もない時期とはいえ西独市場の規模と購買力はあまりにも小さかった。

国内市場はまさにモータリゼーションの途上で急速な成長を続けてはいたが，競合他社の存在を考えると大幅なコスト低減を実現するための販売量を確保するだけでも容易ではないし，もし必要な販売量を確保できなければ，逆にコスト高となってさらに競争力を失う結果となる。だからこそ，国内販売だけでなく輸出が不可欠となってくるのである。輸出の促進・拡大なくしてドイツ自動車産業の将来はないというのが，オペル社時代から変わらぬノルトホフの意見であった。彼は多忙な国内業務に加え，輸出先の開拓と調査を自分の使命と考えてこの仕事にとくに力を入れた[39]。55年以降，ビートルの出荷台数は国内向けよりも輸出向けの方がつねに多く，マルクの切り下げが続いたことも輸出拡大に追い風となった。以後，ビートルの輸出台数は，輸出されるドイツ製自動車のつねに半分を占め，ときに60％を超えることもあった。50年代に VW 社の生産量が飛躍的に増加した理由は，明らかに輸出の増大であった。「ビートルの驚異」が世界のジャーナリズムの大きな話題になったのもこの頃である。

しかし，この輸出の好調ということが，実はVW社に戦略転換の機会を失わせた主要な原因であることを，かつて筆者は指摘したことがある[40]。むろん，ノルトホフはT型フォードの教訓を忘れたことはなかった[41]。だから彼は，ビートルの全体の印象を損なわない範囲で絶えず部分的改良を命じた。それでもビートルはビートルであった。

ヴォルフスブルク工場では輸出用の生産を優先していたので，国内市場向けのビートルの生産は需要に追いつかない状態であった。通常，国内市場で供給不足になれば製品価格が上昇しても不思議ではないが，輸出増大によってビートルの販売価格はむしろ引き下げられた。50年秋に原料コストが上昇したにも拘らず，賃金・給与が10％引き上げられた。大量生産と自由貿易の恩恵であった。

ノルトホフはもともと自由市場経済信奉者であったが，ナチ時代の統制経済および戦時経済下の苦い経験によって，自由市場経済が産業発展の大前提であるという信念をますます強固にしていた。彼は，戦後西ドイツの経済発展に大きな役割を果たした経済大臣ルートヴィッヒ・エアハルト（Ludwig Erhard）の社会的市場経済（die soziale Marktwirtschaft）という考え方に強く共鳴していた。企業間の自由な市場競争を促進しようとするエアハルトと，各業界団体のカルテル必要論者との間の数年にわたる綱引きが54年に最高潮に達したとき，ノルトホフは集まった報道陣を前に，エアハルト経済大臣に「信念をまげないでください（Landgraf bleibe hart）」と呼びかけたといわれる[42]。またエアハルトの方も，VW社を見事に再建し，世界有数の自動車会社にまで発展させたノルトホフの手腕に讃辞を惜しまなかった。このようなノルトホフの自由市場経済信奉が，ナチ時代の統制経済に対する批判を含んでいたことは明らかである。彼は自由競争を支持する立場から，60年代初めに外国の自動車メーカーの製品が西独市場に急速に浸透し始めたときにも，保護関税には反対した。VW社の発展が自由貿易の恩恵を少なからず受けた結果であるとすれば，当然の意見でもある。ノルトホフは，63年にキールの世界経済研究所で行った講演のなかでこう語った。「保護関税は競争力の弱さと怠惰を保護するだけである。そして必ず全国民がその尻拭いをすることになり，結局は保護産業だけが残ることになる」と[43]。

最後に，ノルトホフが経営再建の過程で築き上げたVW社の労使関係に言及しておきたい。経営再建にあたってノルトホフに課せられた第１の課題は，従業員全員の総力を結集しうるような作業体制を築くことであった。もし経営者の考え方が従業員全体の理解を得ていなければ，ノルトホフの経営手腕が存分に発揮されることはなかったであろうし，終戦後の困難な時期に経営再建を成し遂げることも不可能であったろう。ノルトホフが従業員の総力を結集するために必要と考えたことは，情報の共有と労働精神（Arbeitsethos）の喚起であった。彼が，ナチ時代にブランデンブルク工場の経営指導者として，強制労働によって生産拡大を支えなければならなかった経験から，従業員の自発的な貢献なくして企業の発展はありえないことを痛感していた。労働が強制されたものであってはならない。従業員が喜んで会社に貢献できるような環境が築かれねばならない。そのような環境のなかでこそ「仕事がスポーツ」でありうるのである。そのためにノルトホフが重視したのは，情報の共有と報奨制度の確立であった。彼は，社内放送や定期的に行われる訓示の場を利用して，会社の状況や業務計画の内容を絶えず従業員に伝えるように努めた。そして会社の発展が従業員に具体的に何をもたらすかを，毎年の継続的な賃上げと年１回の褒賞金の支給（第１回目の褒賞金の支給は54年に行われた），さらには労働時間の短縮によって示した。

ブルーカラーワーカーに対する週給の賃金（Lohn）と，ホワイトカラーワーカーに対する月給の俸給（Gehalt）という区別はあったが，49年以降，企業業績の向上とともにVW社全体の給与水準が全国の平均賃金を大きく上回るようになって行った。ノルトホフは従業員の利益参加を重視していたのである。ただ彼は，従業員をどの程度利益参加させるかについての決定は企業のトップの仕事に属すると考えていた。だからこそ，彼は労使共同決定制の導入を拒否したのである[44]。その背景には，急増する外国人労働者の問題もあった。62年にヴォルフスブルク工場で380名のイタリア人労働者が採用されてから，VW社における外国人労働者の数は急速に増加した。ノルトホフは，労使共同決定制という仕組みを導入しなくても，経営者と従業員との間に揺るぎない信頼関係があれば，共同決定制よりも優れた「社会的パートナーシャフト」が形成されると信じていた。

しかし，ノルトホフのもとで当時実際に「VW 一家（VW-Familie)」という経営者と従業員の間の信頼関係に基づく「社会的パートナーシャフト」がうまく機能しえたとすれば，それはいうまでもなくVW社の企業業績が絶えず向上していた間だけのことであった。ビートルの売上が低下し企業業績が悪化すれば，労使間の信頼関係が揺らぐばかりではなく，早晩，経営戦略の根本的な転換が迫られるようになることは，準国有のVW社も営利企業である以上当然のことであり，事実，68年４月のノルトホフの死を境として，事態はまさにそのように展開して行ったのである[45)]。

ノルトホフが青年時代に直接見聞したアメリカ自動車産業の繁栄を，母国ドイツにおいて実現したいということが彼の生涯の目標であり，彼は戦後その目標をほぼ達成したといってよい。極めて限られたドイツの自動車需要を前提条件として，輸出促進と積極的な海外展開によってそれと並行的に西独国内のモータリゼーションを進めるノルトホフの１車種大量生産の戦略は，トヨタ生産方式が自動車産業経営のアメリカ型モデルの生産面における戦略的変形であったのに対して，その販売面における戦略的変形であったといえよう。

[注]

1）フォードにしてもノルトホフにしても，それぞれ自動車大衆化のための具体的な事業構想があり，本稿ではそれを簡明に表現するために，１車種大量生産の戦略と呼ぶことにしたい。

2）ここでは，ビートル研究の文献目録を作成することが目的ではないので，とりあえず英独の文献のなかから次の２つの文献を挙げておく。
Walter Henry Nelson, Small Wonder. The Amazing Story of the Volkswagen, Boston 1965.
Heidrun Edelmann, Vom Luxusgut zum Gebrauchsgegenstand. Die Geschichte der Verbreitung von Personenkraftwagen in Deutschland, Frankfurt 1989.

3）たとえば，田口憲一『VW 世界を征す』新潮社，1961年。その他，訳書としては，ノルトホフの没後になるが，W. シュライプ（W. Schleip）著　吉永義尊訳『ノルトホフ――現代企業家の理想像』（原著タイトルは，Nordhoff ―― Leitbild des Unternehmers von heute und morgen）私家版，1970年，がある。また，日本自動車工業会の自動車ライブラリーに保管されている中尾文庫には，ノルトホフに関する雑誌記事の切抜きのスクラップブックがある。

4）Heidrun Edelmann, Heinrich Nordhoff: Ein deutscher Manager in der Automobilindustrie in: Paul Erker , Toni Pierenkemper（Hrsg.）, Deutsche Unternehmer zwischen Kriegswirtschaft und Wiederaufbau, München 1999, S.19-52,

Heidrun Edelmann, Heinz Nordhoff und Volkswagen. Ein deutscher Unternehmer im amerikanischen Jahrhundert, Göttingen 2003.

さらに，エーデルマンが編集したノルトホフの講演・論文集として，次の文献を参照。

Heinrich Nordhoff, Reden und Aufsätze. Zeugnisse einer Äera, Düsseldorf 1992.

5）拙稿「フォルクスワーゲン社における経営戦略の転換過程（Ⅱ）」『桃山学院大学　経済経営論集』第29巻第１号，1987年，61-62頁。

6）Generaldirektorは総支配人と訳されることが多いが，もともとVW社はドイツ労働戦線の下部組織として設立されたものであって，戦後VW社が有限会社から株式会社へ改組されたときにも，その所有権の問題で政府とドイツ労働組合総同盟（Deutscher Gewerkschaftsbund）が対立した経緯があり，結局，連邦政府とニーダーザクセン州政府とがそれぞれ20％の株式を所有する準国有企業となったことを考えると，むしろ総裁と訳した方が適切ではないかと思われる。

7）Volkswagenwerk AG（Hrsg.）, Volkswagen Chronik, Wolfsburg 1983, S.17-33.

8）Heinrich Nordhoff, Die deutsche Automobilindustrie. Ihr Stand, ihre Entwicklungen und ihre Absatzmöglichkeiten, Vortrag am 5.9.1950 in Frankfurt, Sonderdruck, S.14.

9）G. W. F. ハルガルテン著　富永幸生訳『ヒトラー・国防軍・産業界』（原著名　Hitler, Reichswehr und Industrie, Zur Geschichte des Jahre 1918-1933, von George W. F. Hallgarten, Frankfurt am Main 1955.）未来社　1984年，77頁。

10）ハルガルテン著　富永訳　前掲書，181-182頁参照。

11）Edelmann, Heinrich Nordhoff, S.20.

12）ヴォルフラム・ヴァイマー編著　和泉雅人訳『ドイツ企業のパイオニア』（原著名　Kapitäne des Kapitals, Zwanzig Unternehmerporträts grosser deutscher Gründerfiguren, von Wolfram Weimer, Frankfurt am Main und Leipzig 1993）大修館書店　1996年，247-265頁。

13）Edelmann, Heinrich Nordhoff, S.21.

14）Edelmann, ebd. S.21.

15）Edelmann, ebd. S.22.

16）H.C. Graf von Seherr-Thoss, Die deutsche Automobilindustrie. Eine Dokumentation von 1886 bis 1979, Stuttgart 1979, S.294ff.

17）Edelmann, Heinrich Nordhoff, S.24.

18) Edelmann, ebd. S.25.

19) ナチの統治組織における官職名の訳語については，基本的には，フランツ・ノイマン著　岡本友孝・小野英祐・加藤栄一訳『ビヒモス――ナチズムの構造と実際――』(原著名　Behemoth. The Structure and Practice of National Socialism 1933-1944 by Franz Neumann, Oxford University Press 1944.) みすず書房　1963年，に従った。

20) Edelmann, Heinrich Nordhoff, S.27.

21) 中央委員会の仕事は，シュペーアのいわゆる産業自治の領域に属する。この点については，ノイマン，前掲訳書，461頁以下参照。

22) Edelmann, Heinrich Nordhoff, S.30.　とくにこの点に関しては，同書脚注62にあるノルトホフ宛のベーリッツの書簡（コブレンツ連邦公文書館所蔵）を参照。

23) Edelmann, ebd. S.30.

24) Edelmann, ebd. S.30. この記述は，ローデ（Ekkehard Rohde）が92年６月26日にエーデルマンに直接語ったところに基づいている。

25) ドイツは，エルザス・ロートリンゲンを失ってから，その鉱産資源のほとんどをスウェーデンからの供給に頼っていた（長守善著『ナチス経済建設』日本評論社　1940年，283頁）。

26) Edelmann, Heinrich Nordhoff, S.32.

27) Edelmann, ebd. S.34.

28) Seherr-Thoss, Die deutsche Automobilindustrie, S.295.

29) Edelmann, Heinrich Nordhoff, S.36, とくに脚注106を参照。

30) Wilhelm Vorwig, Das Automobil und die deutsche Automobilindustrie in: ders., Die deutsche Automobilindustrie und ihre Verbände,  Frankfurt 1970, S.14.

31) 長守善著，前掲書，393頁参照。

32) Wilhelm Vorwig, Zur Geschichte der verbandsmässigen Organisation der deutschen Automobilindustrie, in: ders., Die deutsche Automobilindustrie und ihre Verbaende, S.25.

33) Edelmann, Heinrich Nordhoff, S.41.

34) ナチの企業統制の方法については次の文献を参照。塚本健著『ナチス経済――成立の歴史と論理』東京大学出版会，1983年。同書314頁に次のような記述がある。「国家の企業統制は，カルテル・経済団体などの企業連合組織をとおしておこなわれるが，直接に独占的大企業に資本参加して，それを国有化することによりおこなわれるわけではなかった。個別企業にたいする国家の介入は，たとえば37年10月の新株式会社法にみられるように，**一般株主の会社経営にたいする発言権を停止し，経営指導者の権限を強化するという形でおこなわれた。いわゆる経営者支配の傾向を意識的に助長し，その経営者を国家が監督することにより，企業を統制するわけである**」(太字による強調――稲垣)。

35) 47年11月18日付ヴィルヘルム・ハスペル（Wilhelm Haspel）宛のノルトホフの書簡参照（メルセデス－ベンツ株式会社企業文書館所蔵)。なぜGM本社が沈黙していたかについて，ノルトホフは書簡のなかでこう推測している。すなわち，GMは当時あくまで単独講和の成立を優先する方針であったから，それまではオペル社問題をこれ以上こじらせたくなかったのではないかと。
36）Nordhoff, Die deutsche Automobilindustrie, S.3f.
37）Nordhoff, Industrielle Wirtschaftsführung, in: ders., Reden und Aufsätze, S.168-181.
38）Nordhoff, Die deutsche Automobilindustrie, S.10.
39）Edelmann, Heinrich Nordhoff, S.49. ノルトホフは完璧な英語が話せたといわれる。
40）拙稿「フォルクスワーゲン社における経営戦略の転換過程（Ⅰ）」『桃山学院大学経済経営論集』第28巻第４号，1987年，63頁。
41）Edelmann, Heinrich Nordhoff, S.48.
42）Edelmann, ebd. S.46.
43）Nordhoff, Automobilindustrie und Automobilexport（Kieler Vorträge, Neue Folge Nr. 30），Kiel 1963, S.6f.
44）Edelmann, Heinrich Nordhoff, S.51.
45）拙稿「フォルクスワーゲン社における経営戦略の転換過程（Ⅰ）」前掲論集参照。

# 第２部　日独比較

# 第1章　Die Entwicklungsgeschichte der Nutzfahrzeug-Produktion in Japan[1]

## I　Definition des Nutzfahrzeugs und seine Fahrzeugklassen in der japanischen Statistik

Die Entwicklung der Automobilproduktion in Japan wurde besonders durch den Nutzfahrzeugbau, genauer gesagt durch die Anforderungen des Militärs an die Produktion von Nutzfahrzeugen geprägt. Da die Entwicklung der Nutzfahrzeug-produktion in Japan zum Teil anders verlief bzw. andere Wirkungen hatte als diejenige in den europäischen Ländern und in den USA, müssen wir zunächst eine Definition des Begriffs *Nutzfahrzeug* in Japan versuchen; hierzu ziehe ich die japanische Statistik heran, weil diese die besondere Eigenart der japanischen Entwicklung verdeutlichen hilft.

Nach der Statistik des deutschen *Verbandes der Automobilindustrie e.V.* werden Nutzfahrzeuge als Kraftwagen definiert, die aufgrund ihrer Bauart zum Transport von Personen, Gütern und/oder zum Ziehen von Anhängern geeignet sind[2]. Davon werden freilich Personenkraftwagen — im folgenden meist einfach PKW genannt — ausgenommen. Nach dieser Definition gehören hauptsächlich Lastkraftwagen — im folgenden meist LKW genannt — und Omnibusse zur Kategorie der Nutzfahrzeuge. Während man in Deutschland meines Erachtens unter LKW ein vierrädriges Fahrzeug mit Nutzlastfläche versteht, umfaßte der Hauptteil des japanischen LKW-

---

1　Die sprachliche Überarbeitung dieses Beitrags übernahm W.A. Steitz, der in Nagoya als Professor für Wirtschafts- und Sozialgeschichte lehrte.

2　Verband der Automobilindustrie e.V.: *Tatsachen und Zahlen* aus der Kraftverkehrswirtschaft, 50. Folge 1986, S.7.

Bestandes in Japan bis in die 1950er Jahre dreirädrige Klein-Lastkraftwagen, die es allerdings auch in Deutschland gab, aber in weitaus geringerer Zahl. Der Mini-LKW findet sich auch heute noch in größerem als die Europa oder in den USA in den landwirtschaftlichen oder vorstädtischen Bereichen. Dies hängt allerdings auch mit der Straßensituation dort zusammen: Es gibt in außerstädtischen Regionen in Japan noch sehr viele enge Straßen, die der Normbreite der heutigen Kraftwagen nicht entsprechen.

Die Entwicklung der japanischen Automobilindustrie nach dem Zweiten Weltkrieg begann, wie ich später ausführlicher darlegen werde, mit der Verbreitung dieser sog. Klein- oder Mini-LKWs — wie dies später kennzeichnend für den japanischen Exportmarkt in die sog. Schwellenländer in Asien war. Vor allem spielten die dreirädrigen Klein-LKWs eine wichtige Rolle für die Wirtschaftsentwicklung und Massenmotorisierung in Japan.

Die japanischen Auto-Statistik nennt[3] einen Klein-LKW ein Fahrzeug, das einen Hubraum von mehr als 660 bis 2.000 Kubikzentimeter, eine Gesamtlänge von mehr als 3,30 m bis 4,70 m, eine Höhe bis zu 2,00 m und eine Breite von mehr als 1,40 bis 1,70 hat.

Wenn ein Fahrzeug auch nur eins dieser Maße überschreitet, gehört es schon zu den Normal-LKW-Klassen (Kraftwagen für besondere Zwecke wie Kranwagen oder Betonmischer sind hier ausgeschlossen).

Auf der anderen Seite, wenn ein Fahrzeug all die oben gennaten Maßkategerien unterschreitet, dann gehört ein solches Fahrzeug zur Kategerie 'Mini-LKW' (Motorräder ausgeschlossen).

Diese Kategorien gelten für alle Fahrzeugarten und sind deswegen nur bedingt geeignet, den Begriff des Nutzfahrzeugs für die Zwecke dieser Untersuchung zu definieren. Darüberhinaus sei angemerkt, daß solche

[3] Nikkan Jidousha Shinbunsha (Verlag der Tageszeitung für Automobil): *Handbuch der Automobilindustrie,* Ausgabe 1995, Tokio.

Kategorien oder Klassenmerkmale für Klein-LKWs sich von denjenigen für sog. Kombinationsfahrzeuge unterscheiden. Mit anderen Worten — Nutzfahrzeuge können hier nicht nur nach Gesamtgewicht, Ladekapazität oder Bauart definiert werden, sondern ihre Verwendungsart muß ebenfalls berücksichtigt werden.

Hierbei ist die Unterscheidung zwischen Mini- und Klein-LKW von Bedeutung; diese Einteilung findet sich nicht in der deutschen Statistik. Der Mini- bzw. Klein-LKW ist für die japanische Nutzfahrzeugentwicklung von besonderer Bedeutung, auf die ich im folgenden noch zu sprechen komme.

## II Der Stellenwert und die Bedeutung des Nutzfahrzeugs in den Entwicklungsstufen der japanischen Automobilindustrie vor dem Zweiten Weltkrieg

### 1. Das Nutzfahrzeug als militärisches Fahrzeug

In Japan hatte der militärische Bedarf an Nutzfahrzeugen einen quasi *take-off-Effekt*, d.h. die militärischen Anforderungen haben nicht nur die Nutzfahrzeug-industrie ins Leben gerufen, sondern sie erst möglich gemacht.

Im Jahre 1904 wurde zum ersten Mal der Dampfwagen hergestellt; er diente zunächst als Omnibus. Die Erfahrungen im russisch-japanischen Krieg führten dann dem japanischen Militär vor Augen, daß insbesonders an einer so weit ausgedehnten Front wie in der Mandschurei die Transportkapazitäten von Mensch, Pferd und Wagen ihre Grenzen erreicht hatten. Deshalb wurde bereits 1911 auf Veranlassung der japanischen Heeresdienststellen der erste militärisch zu nutzende LKW als Prototyp hergestellt. Seitdem — bis zum Ende des Pazifischen Krieges im August 1945 wuchs die enge Verbindung zwischen Militärplanung, Heeresversorgung usw. mit der japanischen Automobil-, besonders der

Automobil-Nutzfahrzeugindustrie. So hatte das *Gesetz zur Unterstützung für militärische Motorwagen*[4] im Jahre 1918 einen maßgeblichen Einfluß auf die japanische Automobil-Industrie bis zum Zweiten Weltkrieg.

Die Zweck des Gesetzes bestand darin, daß die Autombilproduktion subventioniert werden sollte. Eine besondere Form der Bereitstellung von Autombilen für die militärische Nutzung war, daß man die Nutzung der hergestellten Kraftwagen in Friedenszeiten dem privaten Sektor überließ, um die Haltungskosten für einen solchen Fuhrpark zu verringern. Im Kriegsfall waren die privaten Nutzer verpflichtet, solche Fahrzeug für militärische Zwecke bereitszustellen bzw. dem Militär zu übergeben. Hier folgte das japanische Militär europäischen Vorbildern. Und somit mußten die japanischen Autombilhersteller in Friedenszeiten eigene Absatzmöglichkeiten erschließen. Die Subventionen des Militärs trugen zwar zur Förderung der Produktion bei, für den Absatz der Produkte in Friedenszeiten hatte der private Unternehmer selbst zu sorgen.

## 2. Die Verbreitung der Nutzfahrzeuge nach dem großen Kantou-Erdbeben

Das große *Kantou-Erdbeben*, das am 1. September 1923 in der Gegend von Tokio ausbrach, wurde zur entscheidenden Wende für die frühe japanische Automobilindustrie. Dieses Erdbeben zerstörte nämlich die gesamte Verkehrsinfrastruktur der japanischen Hauptstadt und der umliegenden Region; es brachte jegliche Wirtschaftstätigkeit zum Erliegen. Die unterbrochenen Eisenbahnlinien und der gesamte zerstörte Nahverkehr konnten nicht so ohne weiteres bzw. nicht so schnell wie erforderlich wieder aufgebaut werden, so daß man nach einem schnellen Ersatzmittel suchte.

Die Zerstörungen des Erdbebens machten den großen Vorteil der KFZ-

---

[4] Der japanische Verband der Automobilindustrie (Hrsg.): *Die Geschichte der Japanischen Automobilindustrie*, Tokio 1988, S.11.

Nutzung deutlich: Das Automobil braucht keine Schienen. So wurden zunächst aus den USA eine Vielzahl von Kraftfahrtfahrzeugen nach Japan importiert, um Verletzte oder Baumaterial für den Wiederaufbau zu transportieren. Das Elektrizitätsamt von Tokio führte als Ersatzmittel für die Straßenbahnen 800 Fahrgestelle des Ford-LKWs ein, die auch bei den berühmten T-Modellen verwandt wurden, — und baute damit Omnibusse für den Nahverkehr. Diese Omnibusse, sog. Entaro-Busse, entwickelten sich in der Folgezeit zum typischen öffentlichen Verkehrsmittel im Raum Tokio. (*s. Abb. 2 – 1 – 1*)[5].

Der Wiederaufbau nach dem Erdbeben bot den amerikanischen Automobilherstellern — wie etwa Ford und Gerneral Motors (=GM) — große Absatzmöglichkeiten in Japan. So gründete Ford 1925 in Yokohama die *Ford Motor Japan AG* und begann dort das *T-Modell* zu bauen. General Motors gründete im gleichen Jahr die *GM-Japan AG* in Osaka

Abb. 2 - 1 - 1 : Entaro-Bus (1924)

5 Der japanische Verband der Automobilindustrie (Hrsg.): a.a.O., S.14.

und begann dort das Modell *Chevrolet* herzustellen.[6] In der Folgezeit beeinflußten die beiden amerikanischen Unternehmen in Japan die zukünftige japanische Automobilproduktion besonders durch ihre berühmte Fertgigungsmethode, die *Fließbandfertigung*. Hinzu kamen neue Methoden der Qualitätskontrolle der Zulieferteile sowie neue Marketingmethoden, etwa der Ratenzahlungskauf oder die Einführung neuer Vertriebssysteme im Automobileinzelhandel.

Darüber hinaus bildeten Ford und General Motors die Produzenten der Zulieferindustrie aus. Zu Beginn der Automobilproduktion in Japan hatten die beiden Unternehmen alle KFZ-Teile aus den USA importieren müssen. Wegen der Minderung der Währungsreserven Japans wurden sie aber gezwungen, im japanischen Inland ein System der Bauteilebeschaffung aufzubauen. Zu diesem Zweck bildeten sie zuerst Ersatzteilhersteller und dann Bauteile- und Aggregathersteller aus. So haben wir 1932 bereits 132 japanische Zulieferunternehmer für die Autoproduktion. So kann man ohne Übertreibung sagen, daß General Motors und Ford die Grundsteine für die Entstehung der japanischen Automobilindustrie legten.

## 3. Das Gesetz über Kraftfahrzeuggewerbe 1936

Neben diesem wichtigen Beitrag der amerikanischen Automobilproduktion zur Entstehung der japanischen Automobilindustrie spielte eine weitere japanische Antriebsfeder eine entscheidende Rolle beim Aufbau dieses neuen Sektors. Das japanische Handels- und Gewerbeministerium befürchtete eine zu starke Abhängigkeit von der vorherrschenden amerikanischen Automobilporduktion. Dazu kam die Sorge, um eine zu starke wirtschaftliche Importabhängigkeit auf diesem Sektor, den es bestand zu dieser Zeit ein Einfuhrüberschuß bzw. eine negative Handelsbilanz seit dem Ende des Ersten Weltkrieg —

[6] Der japanische Verband der Automobilindustrie (Hrsg.): a.a.O., S.15.

zumindest in diesem Bereich. Diese Sorgen waren aber nur vordergründig. Maßgebend war, daß die Produktion von militärischen Nutzfahrzeugen, die aufgrund des eben genannten Unterstützungsgesetzes unter der Leitung des japanischen Heeres stand, die erwartenen Produktions- und Qualitätsziele nicht erreichte. Man befürchtete, daß man in Kriegszeiten auf die ausländische Produktion bzw. auf die Einfuhr von Nutzfahrzeug angewiesen sei. Daraus ergab sich, daß die Autoindustriepoltik des Handels- und Gewerbeministeriums ihren Schwerpunkt auf den Ausbau einer unabhängigen, eigenen KFZ-Industrie legte.

Zu diesem Zweck wurden Richtlinien zum obigen Gesetz herausgegeben; und diese protektionistischen Bestrebung verstärkten sich dann bei Ausbruch des Mandschurei-Krieges im September 1931. Bereits im August des gleichen Jahres erließ man das *Kontrollgesetz über die Schlüsselindustrie*[7], welches darauf abzielte, die Kartellbildung in den Schlüsselindustrien zum Zwecke der weiteren Rationalisierung — und besseren Lenkungsmöglichkeit — zu fördern. Aufgrund dieses Gesetzes organisierte sich 1932 die Automobilindustrie im Verband der inländischen KFZ-Hersteller. Mit der Ausdehnung der Front in China wurde die Ausformung der Massenproduktion immer dringlicher. Dazu diente die weitere Rationalisierung; das Gewerbe- und Handelsministerium sowie das Kriegsministerium förderten die weitere Integration des Kapitals und der Produktionsanlagen zwischen den inländischen KFZ-Herstellern.

Im Mai 1936 erließ man dann das *Gesetz über das Kraftfahrzeuggewerbe*[8], womit das frühe Unterstützungsgesetz für militärische Motorwagen abgeschafft wurde. Ziel dieses Gesetzes war, den Produktionsanteil der beiden amerikanischen Automobilhersteller zu beschränken und stattdessen den militärischen und privaten Bedarf an Automobilen verstärkt durch die

---

[7] Der japanische Verband der Automobilindustrie (Hrsg.): a.a.O., S.26.

[8] Der japanische Verband der Automobilindustrie (Hrsg.): a.a.O., S.27ff.

eigene Produktion zu decken. Deswegen mußten die japanischen Hersteller die gleiche Leistungsfähigkeit wie Ford und General Motors entwickeln.

Nach diesem Gesetz mußten die Unternehmer, die beabsichtigten, jährlich mehr als 3.000 KFZ oder KFZ-Hauptbestandteile herzustellen, die staatliche Genehmigung einholen. Nach Genehmigung genossen diese Automobilhersteller für fünf Jahre hohe steuerliche Vergünstigungen. Am 19. September 1936 wurden die *Toyota Automatischer Webstuhl Werke AG* und die *Nissan Motor Werke AG* als erste Unternehmungen dieser Art konzessioniert. Die beiden Unternehmen waren zwar im Vergleich zu den *Zaibatsu*-Unternehmen wie etwa der *Mitsui*-Konzern relativ klein, aber sie bemühten sich intensiver um den Ausbau der Massenfabrikation. Das genannte Gesetz war äußerst nachteilig für die beiden amerikanischen Unternehmen. Zwei Monate nach Inkraftreten dieses Gesetzes wurde die Jahresproduktionsziffer für Ford Japan AG auf 12.360 Stück und für die General Motors Japan AG auf 9.470 Stück beschränkt. 1939 endlich hatten beide amerikanischen Unternehmen ihre Produktion in Japan einzustellen.

Damit schließt ein Kapitel der Entwicklung der japanischen Automobilindustrie, die, so wollen wir festhalten, einmal durch die Anforderungen des Militärs, dann durch den bahnbrechenden Einfluß der amerikanischen Automobilhersteller auf dem Gebiet der Massenproduktion und des Ausbaus eines effizienten Zuliefergewerbes maßgebliche Anstöße erhalten hatte.

## 4. Die japanische Automobilindustrie und die Rolle des Nutzfahrzeugbaus in der Kriegszeit

Sowohl das Unterstützungsgesetz des Jahres 1918 und das Gesetz über das KFZ-Gewerbe aus dem Jahre 1936 entstanden aus der Grundansicht, daß man das Automobilgewerbe für ein kriegswichtiges Gewerbe hielt — eigentlich mehr noch, daß es zur Kriegsindustrie gehöre. Es galt als selbstverständlich, daß die Hauptprodukte des japanischen Nutzfahrzeugbaus militärischen Zwecken diene und tatsächlich diente. Diese Tendenz verstärkte sich natürlich in der Kriegszeit. Bereits 1937 wurde die Autombilindustrie neben der Schiffbauindustrie im Verkehrs- und Transportsektor zur Schlüsselindustrie bestimmt, um ihre Produktionskapazität für den Kriegsbedarf zu erhöhen. Sie galten in entsprechender deutscher Terminologie als kriegswichtige Betriebe.

Der Plan des Kriegsministeriums machte der Automobilindustrie zur Auflage, ihre jährliche Produktionsleistung von 37.000 Stück auf jährlich 100.000 Stück innerhalb von fünf Jahren zu erhöhen. Je mehr der Kriegsausbruch drohte, desto mehr verstärkte sich die Wirtschaftskontrolle über diese Schlüsselindustrie. Kontrolle bedeutete für die Automobilindustrie Beschränkung der herstellbaren KFZ-Arten auf die vom japanischen Heer benötigten KFZ-Arten und Förderung der Massenproduktion. Und hier wurde gerade der LKW am vorrangigsten benötigt.

Diese Beschränkung war auch deswegen nötig, weil die Rohstoffimporte im Kriegsfalle bedroht sein würden. Wegen der Ausfuhrsperre des amerikanischen Erdöls nach Japan mangelte es besonders an Benzin. Das Handels- und Gewerbeministerium verfolgte deshalb das Ziel, die Produktion von Dieselmotoren zu verstärken, um Treibstoff zu sparen. 1941 entschlossen sich die 1937 gegründeten *Tokio Automobil Werke AG* unter Kapitalbeteiligung der *Mitsubishi* Schwerindustrie und anderer Kapitalgeber, die Entwicklung und den Einsatz des Dieselmotors voranzutreiben. Hierzu änderte diese Firma ihren Namen zu *Diesel Automobil AG*, der Vorläufer der heutigen *Isuzu Motor* und *Hino Diesel AG*. Neben Nissan und Toyota gehörte auch diese Diesel Automobil AG zu denjenigen genehmigten Automobilherstellern, die hauptsächlich militärische Spezialfahrzeuge und Schwerlastkraftwagen herstellten.

Die Hino AG ist noch heute einer der Hauptthersteller von LKWs und Omnibussen.

1941 erreichte die Produktion von LKWs ihren ersten Höhepunkt (Tab. 2-1-1). Danach verringerte sich die Produktionsmenge von Jahr zu Jahr, weil die Rohstoff- und Materialbeschaffung je nach Kriegslage immer schwieriger wurde.

An dieser Stelle ist noch kurz auf die Rolle des nicht-militärischen Nutzfahrzeugbaus, nämlich des Baus von LKWs und Omnibussen, einzugehen. Die Nachfrage nach KFZ in der Vorkriegszeit kam, wie bereits erwähnt, verstärkt aus dem Militärsektor und dem Bereich der Verwaltung. Infolgedessen waren die damals hergestellten KFZ-Arten hauptsächlich LKWs oder Omnibusse. Dagegen war der Bedarf von Seiten

Tab. 2-1-1 : Automobil-Produktion in der Kriegszeit

(Anzahl in Stück)

| Jahr | Normal-Kfz | | Vierrrädrige Klein-Kfz PKW und LKW | Insgesamt |
|---|---|---|---|---|
| | PKW | LKW und Bus | | |
| 1930 | – | 458 | – | 458 |
| 1931 | – | 434 | 2 | 436 |
| 1932 | – | 696 | 184 | 880 |
| 1933 | – | 1,055 | 626 | 1,681 |
| 1934 | – | 1,077 | 1,710 | 2,787 |
| 1935 | – | 1,181 | 3,908 | 5,089 |
| 1936 | 847 | 5,004 | 6,335 | 12,186 |
| 1937 | 1,819 | 7,643 | 8,593 | 18,055 |
| 1938 | 1,774 | 13,981 | 8,633 | 24,388 |
| 1939 | 856 | 29,233 | 4,425 | 34,514 |
| 1940 | 1,633 | 42,073 | 2,335 | 46,041 |
| ○ 1941 | 1,065 | 42,813 | 2,620 | 46,498 |
| 1942 | 705 | 34,786 | 1,697 | 37,188 |
| 1943 | 207 | 24,600 | 1,072 | 25,879 |
| 1944 | 19 | 21,434 | 309 | 21,762 |
| 1945 | – | 6,723 | 3 | 6,726 |

Quelle: Der japanische Verband der Automobilindustrie (Hrsg.), *Die Geschichte der japanischen Automobilindustrie*, Tokio 1988.

Tab. 2-1-2: Kfz-Bestand von

| Jahr | Normal-Kfz | | | | Vierrädrige |
|---|---|---|---|---|---|
| | LKW | Busse | PKW | Insgesamt | LKW |
| 1930 | 30,881 | 17,522 | 40,305 | 88,708 | – |
| 1931 | 34,837 | 21,226 | 41,193 | 97,256 | – |
| 1932 | 35,939 | 22,825 | 41,457 | 100,221 | – |
| 1933 | 38,199 | 24,822 | 41,911 | 104,932 | 302 |
| 1934 | 42,060 | 26,328 | 44,153 | 112,541 | 607 |
| 1935 | 46,918 | 28,428 | 45,580 | 120,926 | 1,021 |
| 1936 | 51,338 | 28,745 | 46,165 | 126,248 | 4,272 |
| 1937 | 52,995 | 24,344 | 51,396 | 128,735 | 8,137 |

Quelle: Der japanische Verband der Automobilindustrie (Hrsg.),

Abb. 2-1-2: Der dreirädrige LKW von Mazda Model KC36 (1936)
Quelle: Der japanische Verband der Automobilindustrie

1930 bis 1937 in Japan

(Anzahl in Stück)

| Klein-Kfz | | Dreirädrige Kfz | Motorräder | Kfz zu besonderen Zwecken | Insgesamt |
|---|---|---|---|---|---|
| PKW | Insgesamt | | | | |
| – | 514 | 2,513 | 14,284 | 587 | 106,606 |
| – | 572 | 5,260 | 14,638 | 515 | 118,241 |
| – | 630 | 9,074 | 15,048 | 163 | 125,136 |
| 590 | 892 | 11,753 | 11,229 | 6,006 | 134,812 |
| 1,223 | 1,830 | 24,388 | 13,330 | 4,493 | 156,582 |
| 3,968 | 4,989 | 30,842 | 14,807 | 4,688 | 176,252 |
| 6,194 | 10,466 | 39,891 | 14,220 | 4,411 | 195,236 |
| 8,658 | 16,795 | 47,859 | 16,131 | 4,616 | 214,136 |

*Die Geschichte der japanischen Automobilindustrie*, Tokio 1988.

Abb. 2 - 1 - 3 : Mazda Model KC36 im Spanischen Bürgerkrieg (1936)
Quelle: Der japanische Verband der Automobilindustrie

nichtmilitärischer oder nicht-öffentlicher Bereiche — etwa Taxi usw., oder sogar von Seiten des privaten KFZ-Besitzes unbeutend. Nur für den sog. Kleinfahrzeugtyp mit einem Gesamthubraum beim Viertakt-Motoren unter 750 Kubikzentimeter und 500 Kubikzentimeter beim Zweitakt-Motor galt das erwähnte Gesetz über das Kraftfahrzeuggewerbe nicht. Der Schwerpunkt der Industriepolitik lag darin, daß man KFZ mit großen Ladekapizäten wünschte, die in Massenproduktion herzustellen waren. Damit, wie bereits gesagt, diente der größte Teil der damaligen KFZ-Produktion der Nutzung durch das Militär und durch die Verwaltung — etwa für den öffentlichen Nahverkehr.

Hier muß noch auf eine Besonderheit im öffentlichen Transportwesen hingewiesen werden. Das KFZ nutzenden Transportwesen unterlag in der Vorkriegszeit der Aufsicht des Bahnministeriums. Das KFZ-Transportwesen spielte deshalb nur eine den Bahntransport ergänzende Rolle. Das Haupttransportmittel für den Fernverkehr war der Eisenbahngütertransport. Daraus ergibt sich, daß der Nutzfahrzeugbau in dieser Zeit keinen so großen Beitrag zur Massenmotorisierung geleistet hat. Darüber hinaus führte der Rückzug von Ford und General Motors aus dem japanischen Automobilmarkt zwangsläufig zu einem Rückschlag in der Entwicklung des privaten KFZ-Besetzes.

Des weiteren ist hier auf das Wachstum der Produktion der dreirädrigen Klein-KFZ in den 30er Jahren hinzuweisen (Tab. 2-1-2). Solcher dreirädrigen Klein-KFZ — einschließlich ihrer Motoren — wurden bereits zu diesem Zeitpunkt vollständig in Japan hergestellt und hauptsächlich zur Paketbeförderung genutzt. 1929 gab es schon 35 Betriebe, die diese dreirädrigen Klein-KFZ produzierten. Einer von ihnen war die *Toyo Kogyo AG*, der Vorläufer der heutigen *Mazda*-Werke, die den marktfähigen PKW mit Wankelmotor in der Nachkriegszeit entwickelten (Abb. 2-1-2, 2-1-3). Allerdings sank mit der Verstärkung der Wirtschaftskontrolle die Produktion solcher Klein-KFZ. Die vorübergehende Verbreitung der dreirädrigen Klein-KFZ vor dem Kriege ist jedoch deshalb von Bedeutung, weil hier die Ursprünge für die wichtige Rolle dieses Produktionsbereichs in der Nachkriegszeit liegen. Der Wiederbeginn und der Wiederausbau der japanischen Automobilindustrie setzt, wie noch eingehend behandelt wird, mit der Produktion solcher dreirädrigen Klein-LKWs ein.

## III Die Wirtschaftsentwicklung in Japan seit 1945 und der Nutzfahrzeugbau

### 1. Die Rolle der Nutzfahrzeugproduktion als Triebkraft des Wirtschaftsaufschwungs

Gleich nach Ende des Zweiten Weltkriegs stand die japanische Autoindustrie unter Aufsicht des Oberkommandos der alliierten Besatzungstruppe (General Headquarters=GHQ). Im Oktober 1945 wurde den japanischen KFZ-Herstellern vom GHQ die Produktion 1.500 LKW pro Monat genehmigt. Ein Grund dafür war der inländische Bedarf an LKW für den Konsum- und Produktionsgüterverkehr, da hier eine Knappheit an Transportmittel — Schiff, Eisenbahn, KFZ — aufgrund der Kriegsschäden vorlag. Obwohl das GHQ eine Vielzahl von LKW und Omnibussen aus eigenem Bestand an die japanischen Firmen verkaufte, reichte diese Zahl nicht aus und jene Notmaßnahme wurde erforderlich. Doch die japanische Produktion der LKW verlief nicht planmäßig, weil es Schwierigkeiten bei der Materialbeschaffung gab.

Unter diesen Umständen verlangten 1948 die Interessengruppen der japanischen Automobilindustrie — so der Verband der japanischen Automobilindustrie — vom Handels- und Gewerbeministerium, die Automobilindustrie zum wichtigsten Industriezweig für das Wiederaufleben der japanischen Wirtschaft zu erklären und damit diesen Sektor mit den notwendigen Materialien, mit Energie und mit Kapital zu versorgen. Dieses Verlangen lag auf der Linie der neuen Besatzungspolitik des GHQ im gleichen Jahr, die sich aus der Spannungssituation zwischen den USA und der Sowjetunion ergeben hatte. Diese neue Linie legte den Schwerpunkt ihrer Politik von der Entmilitarisierung und Demokratisierung, sprich Entflechtung der japanischen Industrie auf die Förderung der wirtschaftlichen Unabhängigkeit und des wirtschaftlichen Wiederaufbaus der japanischen Wirtschaft. Dementsprechend formulierte das Handels- und Gewerbeministerium im Oktober 1948 einen *Fünfjahresplan der Automobilproduktion zum Wiederaufbau der Volkswirtschaft.*[9] Die Automobilindustrie wurde damit als eine der wichtigsten Triebkräfte des Wirtschaftsaufbaus offiziell anerkannt.

In diesem Zusammenhang hatte das GHQ bereits vor der Proklamation des Fünfjahresplans die Ansicht bekannt gegeben, daß der dreirädrige Kleinkraftwagen quasi als ein wirksames Mittel zur Deckung des dringenden Bedarfs an Transportmitteln anzusehen sei, zumal die damalige Verkehrsinfrastruktur in Japan viel zu wünschen übrig ließ. Es fehlten nicht nur genügend geeignete Überlandstraßen, sondern auch ein Autobahnnetz.

Damit veränderte sich die Rolle des Nutzfahrzeugbaus völlig: Vom Militärtransportmittel verlagerte sich seine Bedeutung auf die Kleinlastwagenproduktion, die dann der wesentliche Antriebsfaktor für die Entwicklung der japanischen Autoproduktion und der Wirtschaft schlechthin wurde.

## 2. Zur Beziehung zwischen der typisch japanischen Wirtschaftsstruktur und der Nachfrage nach Klein-Lastwagen

Es ist unstreitig, daß der Koreakrieg 1950-53 den ersten Wirtschaftsaufschwung nach dem Zweiten Weltkrieg in Japan initiierte.

[9] Der japanische Verband der Automobilindustrie (Hrsg.): a.a.O., S.78.

Dies lag besonders an der gestiegenen Nachfrage für Industrieprodukte von Seiten der ameriaknischen Streitkräfte, deren Nachschubbasis in einem nicht unerheblichen Teil in Japan lag. Ein Jahr nach dem Ausbruch des Krieges betrug der Anteil des Auftragsbestand an Industriegütern, der aufgrund der US-Nachfrage entstanden war, 338,2 Mill. Dollar. Hiervon machte der Bedarf an LKWs sowie KFZ-Teilen allein 9% aus. Allerdings schloß der Kriegsboom die dreirädrigen Kraftwagen aus, weil diese für Kriegszwecke nicht geeignet ware. Auf dem inländischen Markt jedoch nahm die Nachfrage nicht nur aus den genannten Gründen zu, sondern auch deswegen, weil die Produktionskapazitäten für vierrädrige KFZ wegen des Kriegsbedarfs ausgelastet waren.

Die japanischen Unternehmen setzten den durch den Koreakrieg erzielten Gewinn verstärkt in Erneuerungs- und Erweiterungsinvestitionen ein. Solche verstärkten Anlageinvestitionen setzten sich auch nach dem Ende Krieges 1953 fort, womit auch das Einkommen der Arbeitnehmer stieg. Mit der gleichzeitigen allgemeinen Steuersenkung der Jahre 1952 und 1953 setzte ein beispielloser Verbrauchsboom ein. Im Rahmen dieser Konjunktur nahm auch der Bedraf an KFZ zu. Vor allem stieg der Bedarf an Klein-LKW durch mittelständische und Kleinbetriebe an.

Mit der Zunahme des KFZ-Bestandes in Japan verstärkte sich auch der Zwang zum Ausbau des Straßennetzes. Das bedeutete nicht nur Ausbau, sondern auch Anpassung der Gesetzgebung für das Straßentransportwesen. Das GHQ übertrug 1951 das Aufsichtsrecht über das gesamte Transport- und Verkehrswesen auf die japanische Regierung. Und das im Juni 1951 erlassene *Gesetz über den Straßentransport*[10] förderte gerade den Gütertransport auf der Straße. Man erinnert daran, daß sich vor dem Kriege der Transportverkehr fast ausschließlich auf der Schiene vollzog. Die Erhöhung des Straßentransports förderte wiederum hauptsächlich die

10 Der japanische Verband der Automobilindustrie (Hrsg.): a.a.O., S.76.

klein- und mittelständischen Transportunternehmer. Und die LKW, die diese Unternehmen benötigten, waren Klein-LKW, weil ihre Betriebsgröße aus wirtschaftsstrukturellen Gründen meist so klein war, daß solche Betriebe größere Ladekapaziäten nicht finanzieren konnten. Zudem waren die Straßen Japans zu dieser Zeit sehr eng und schmal, so daß größere LKW einen erheblichen Teil des Straßennetzes in Japan nicht hätten benutzen können. Auch die Asphaltierungsrate der Überlandstraßen war sehr niedrig — sie machte 1956 erst 17% aus. Und darüber hinaus, so darf ich erinnern, gab es keine Autobahnen für den Ferntransport. Somit war der Klein-LKW diesen Straßenbedingungen in Japan besonders gut angepaßt. Bis zum Zeitpunkt des Ausbaus der Verkehrsinfrastruktur spielte also der Klein-LKW — hier besonders der dreirädrige Klein-LKW — die bedeutendste Rolle für die Verbreitung des Nutzfahrzeugs im privaten Wirtschaftssektor (Abb. 2-1-4).

Die dominierende kleine oder mittlere Betriebsgröße im Transportwesen

Abb. 2-1-4 : Der dreirädrige Kipper von Daihatsu (1958)
Quelle: Der japanische Verband der Automobilindustrie

gehört zur bekannten strukturelle Besonderheit der japanischen Wirtschaft, nämlich ihrer Doppelstruktur: hier die fast monopolistischen Großunternehmen und dort die zahlreichen, von den Großunternehmen abhängigen klein- und mittelständischen Betriebe. Zwischen beiden Betriebsformen gibt es erhebliche Lohn- und Produktivitätsdifferenzen aufgrund unterschiedlicher Kapitalintensität. Diese Struktur geht bis auf die Zeit der Industrialisierung während der Meji-Restauration zurück. Noch heute kann man in der japanischen Wirtschaft diese doppelte Struktur vorfinden, nämlich auf der einen Seite der Endfertiger als Großunternehmen und auf der anderen Seite die vielen, völlig abhängigen Zulieferer als Kleinunternehmen. Dies gilt besonders für die japanische Automobilbranche.

## 3. Der rasante Anstieg der japanischen Wirtschaft und die Nutzfahrzeugproduktion

Die 1950er und 1960er Jahre sind bekanntlich die Jahre des japanischen Wirtschaftswunders, wenn ich das einmal mit deutschen Verhältnissen vergleichen darf. In dieser Zeit eines beispiellosen rasanten Wirtschaftsaufschwungs genoß die japanische Automobilindustrie zunächst einen Importschutz, damit sie ihre Konkurrenzfähigkeit ausbauen konnte. Aber im Gegensatz zur japanischen PKW-Produktion, die viel länger einen solchen Einfuhrschutz genießen durfte, wurden die Importbeschränkungen für den Einfuhr von LKW, Omnibussen und dreirädrigen Klein-LKW bereits 1961 aufgehoben. Dies zeigt, daß die japanischen Nutzfahrzeugproduktion früher als die PKW-Produktion internationale Konkurrenzfähigkeit erlangte. 1960 erreichte die Produktion von dreirädrigen Klein-LKW ihren Höhepunkt: Die Neulassungen betrugen 1960 260.143 Stück. Erst danach verlagerte sich der Schwerpunkt der Nutzfahrzeugproduktion vom dreirädrigen auf den vierrädrigen Klein- und Mini-LKW.

Mit zunehmendem Wirtschaftswachstum steigerte sich der Bedarf an

Transportmitteln für den Massengüterverkehr. Die Staatsbahn konnte aber mit ihren Transportkapazitäten diesen Bedarf nicht ausreichend abdecken. Statt der Eisenbahn übernahmen nun mehr und mehr LKW und Omnibusse die Transporterfordernisse der wachsenden Wirtschaft, so daß der Straßengüterverkehr nicht mehr die Ergänzungsrolle zum Bahntransport einnahm, sondern das Hauptgewicht des Gütertransports auf den LKW-Transport überging.

Im Dezember 1960 veröffentlichte die Regierung den berühmten *Plan zur Verdoppelung des Nationaleinkommens*[11], dessen Ziel darin bestand, in zehn Jahren, also bis 1970, das Nationaleinkommen von 13 auf 26 Bill. Yen zu verdoppeln. Im Laufe der Durchführung dieses Plans veränderte sich auch die Transportstruktur Japans drastisch. Dementsprechend wandelten sich auch die hergestellten Nutzfahrzeugarten.

Wie bereits gesagt — die vorherrschende Nutzfahrzeugart in den 1950er Jahren ware der dreirädrige LKW. 1957 erreichte die Zahl der in diesem hergestellten vierrädrigen LKW 126.820 Einheiten und überstieg damit zum erstenmal die Anzahl der im gleichen Jahr produzierten dreirädrigen LKW (Mini-LKW sind hier ausgeschlossen). Bezieht man diese Gesamt-Produktionsmenge an LKW — also der drei- und vierrädrigen LKW auf die Gesamtzahl der 1957 hergestellten Kraftfahrzeuge, so ergibt sich ein Anteil von 70%. Außerdem vermehrte sich in dieser Zeit die Produktion der vierrädrigen Klein- und Mini-LKW im Gegensatz zur Verringerungstendenz in der Produktion von dreirädrigen Klein- und Mini-LKW. Die vierrädrigen Klein- und Mini-LKW übernahmen nun die ehemalige Rolle des dreirädrigen LKW im Landtransport. Man kann somit die 1950er Jahre in der Geschichte der japanischen Automobilindustrie als die Epoche der Lastkraftwagen bezeichnen. Hierbei vollzog sich zunächst eine Verschiebung der Nutzfahrzeugproduktion vom Normal-LKW auf den Klein LKW. Der Grund,

---

[11] Der japanische Verband der Automobilindustrie (Hrsg.): a.a.O., S.128ff.

so ist hier dargelegt worden, lag in den Straßenverhältnissen Japans nach dem zweiten Weltkrieg und in den allgemeinern wirtschaftsstrukturellen Bedingungen im Nachkriegsjapan. Zum anderen findet sich eine deutlich Verlagerung von der Produktion von LKW mit Benzinmotor auf solche mit Dieselmotor. Hier sind die Gründe ganz einfacher Natur: Der Dieselmotor war wirtschaftlicher.

Die Verkleinerung der LKW-Typen ebnete dann der Massenmotorisierung in Japan den Weg. Natürlich ist nicht zu übersehen, daß der zusätzliche Bedarf an Industriegütern in der zweiten Hälfte der 1950er Jahre, der aufgrund des Verteidungspläne zwischen USA und Südostasien entstanden war, auch der Automobilindustrie zugute kam.

Auch in den 1960er Jahren behielt der LKW zunächst seinen großen Anteil an der Automobilproduktion — der Anteil der Produktion von vierrädrigen LKW an der Gesamtautomobilproduktion betrug 1964 65,1%. Das zeigt an, daß die Produktion des LKW und seine Verbreitung am Anfang und noch lange im Mittelpunkt der Massenmotorsierung Japans stand. Um die typische Form der japanischen Massenmotorisierung zu verdeutlichen, ziehe ich Vergleichszahlen aus anderen Ländern heran: Der Anteil der PKW-Bestandes am Kfz-Bestand in den USA betrug 1960 bereits 83,35%, in der Bundesrepublik 85,1% und in Großbritannien 77,7%. Dagegen war ihr Anteil 1964 in Japan nur 33,5%.[12]

Die Abnahme der Absatzmenge von dreirädrigen Klein-LKW versuchten die Hersteller solcher LKW-Typen — etwa *Daihatsu, Toyo kogyo, Aichi Kikai kogyo* — dadurch zu mindern, daß sie eine Reihe von neuen Modellen auf den Markt brachten (Abb. ２-１-５). Sie hatten aber ihre Produktion der dreirädrigen LKW nach und nach auf die Herstellung von vierrädrigen Mini-LKW-Typen umzustellen, zumal die Hersteller von vierrädrigen Normal-LKW-Typen konkurrenzfähiger waren. Durch ihre neue Teilnahme

---

[12] Der japanische Verband der Automobilindustrie (Hrsg.): a.a.O., S.167.

Tab. 2-1-3: LKW-Bestand nach Größen-

| | Größenklasse der LKW nach Ladekapazität | | |
|---|---|---|---|
| | über 10t | über 5t bis weniger als 10t | über 2t bis weniger als 5t |
| Anzahl in Stück | 244,830 | 391,424 | 2,839,222 |
| Anteil am LKW-Gesamtbestand | 1.2% | 1.9% | 13.6% |

Quelle: Japan Automobile Manufacturers Association, Inc.:

Abb. 2-1-5: Daihatsu Midget Model DKA (1958)
Quelle: Der japanische Verband der Automobilindustrie

am Markt der vierrädrigen Mini-LKW konnte dieser Typ nach wie vor seine Stellung auf dem japanischen Nutzfahrzeugsektor behaupten. Noch heute — 1994 — ist der Anteil des Mini-LKW am gesamten LKW-Bestand 55,6% (Tab. 2-1-3).[13]

In der Zeitspanne von der zweiten Hälfte der 1960er Jahre bis zur ersten Hälfte der 1970er Jahre fand eine erneute Veränderung der

13 Der japanische Verband der Automobilindustrie (Hrsg.): *Der Jahresbericht der japanischen Auto- Statistik,* Ausgabe 1995, Tokio.

klassen im Jahr 1994

| (Anhänger ausgeschlossen) | | | | |
|---|---|---|---|---|
| über 1t bis Weniger als 2t | Weniger als 1t | | Sonstige | Insgesamt |
| | | Mini-LKW | | |
| 2,129,634 | 3,574,130 | 11,593,135 | 82,037 | 20,854,412 |
| 10.2% | 17.1% | 55.6% | 0.4% | 100% |

*Motor Vehicle Statistics of Japan 1995*, Tokyo.

Nachfragestruktur im Nutzfahrzeugsektor statt. Der Bahntransport konnte die Nachfrage nach Transportkapzitäten der rasant wachsenden Wirtschaft wie auch im Personentransport nicht mehr decken. 1963 wurde die erste Autobahnteilstrecke zwischen Nagoya und Kobe, danach 1969 die Autobahnstrecke zwischen Tokio und Nagoya dem Verkehr übergeben. Nach kurzer Zeit verlagerte sich das Hauptgewicht des Gütertransports von der Schiene auf die Straße; für den Personentransport übernahmen zunächst die Omnibusse diese Rolle.

Der wachsende Güterfernverkehr benötigte mehr LKW mit größerer Transportkapazität und -effizienz. Aufgrund der Zunahme der Bautätigkeit im privaten und im öffentlichen Sektor, vor allem im Wohnungsbau, stieg der Bedarf an Baufahrzeugen, etwa an Muldenkippern oder Transportern für Baumaterialien, überhaupt an Baufahrzeugen jeglicher Art. 1966 lag der Anteil des LKW-Transports in Tonnenkilometer über dem Anteil des Eisenbahntransports: 31% entfielen auf den LKW und 27% auf den Bahntransport bei einer inländischen Gesamttransportmenge von 209,5 Mrd. Tonnenkilometer für dieses Jahr.[14]

Während die Nachfrage für vierrädrigen Klein- und Mini-LKW in dieser Zeit relativ beständig blieb, stieg die Nachfrage nach den sog. Normal-LKW mit Dieselmotor viel schneller als früher an — hier vor allem für die Fahrzeugklassen von 4t- und 10t-Ladekapazität. Das rasche Tempo des

14 Der japanische Verband der Automobilindustrie (Hrsg.): a.a.O., S.197.

Wirtschaftswachstums und die Verbesserung der Verkehrsinfrastruktur erweiterten nämlich den Markt für den sog. Normal-LKW. Auf dem Bus-Markt dagegen vermerhte sich der Bedarf an Kleinbussen im privaten Sektor, deren Tragfähigkeit auf 29 Personen begrenzt war.

## 4. Der Einfluß der Ölkrise auf den Markt für Nutzfahrzeuge und die Wandlung seiner Nachfragestruktur in den 80er Jahren

Mit der Ölkrise in den Jahren 1973 und 1979 endete die Zeit des jähen, rasanten Wirtschaftswachstums in Japan; es begannen nun die Jahre des stabilen und stetigen Wachstums. Die Ölkrise und die damit verbundene Benzinpreissteigerung hatten zwar einen erheblichen Einfluß auf den japanischen PKW-Markt; den LKW-Markt konnte der Preisanstieg aber nicht in gleicher Weise nachteilig verändern, denn der LKW war kein Konsumgut wie der PKW, sondern wurde stetig von Handel und Gewerbe nachgefragt.

Dennoch beeinflußte die Ölkrise von 1979 einen Teil des LKW-Marktes, nämlich besonders den des Klein-LKW. Das hat folgende Ursachen: Zum einen nahm die Nachfrage nach sog. Normal-LKW anstelle derjenigen nach Klein-LKW zu, weil die Rationalisierung im Massentransport, etwa durch vermehrten Sammelgutverkehr, größere LKW erforderte. So wurden Stückguter von verschiedenen Versendern für einen Zielort vom Sammelladespediteur geschlossen an diesen Zielort transportiert und dort verteilt.

Diese Entwicklung wurde maßgeblich durch eine neue Serviceleistung im Transportgewerbe gefördert. Ab 1974 nämlich führten manche Betriebe kundennahe Transportdienste, etwa den Frei-Haus-Kurierdienst ein. Auf dieser Ebene sind noch heute 37 Transportbetriebe tätig.[15]

Zum dritten verringerte sich der Werksverkehr, d.h. immer mehr

[15] Quelle: Chunichi Shinbun (Tageszeitung) vom 24.03. 1996, Nagoya.

Firmen übertrugen ihre früher durch eigene LKW besorgten Transporte an Speditionsfirmen. So mußten solche Speditionsfirmen ihren Wagenpark aufstocken.

Und zum vierten steigerte der Mini-LKW seine Leistungsfähigkeit annähernd bis an diejenige des Klein-LKW und war dabei noch preisgünstiger.

Alles in allem kann man sagen, daß sich die Nachfrage nach Klein-LKW wegen der Bipolarisierung des Nutzfahrzeugmarktes — Mini-LKW/Normal-LKW — verminderte.

Zum Schluß möchte ich noch auf eine bemerkenswerte Veränderung auf dem Bus-Markt in den 1980er Jahren hinweisen. Mit der Massenmotorisierung und der damit verbundenen überlasteten Straßennetze besonders in städtischen Ballungszentren verringerte sich auch die Zahl der Linienbusse bzw. der mit Linienbussen transportierten Personen. Damit verringerte sich die Nachfrage nach Linienbus-Karosserien. Dagegen nahm die Nutzung von Reise-Omnibussen zu. Das führte auch zu einer weiteren Ausdehnung des Angebots an Bustypen, wie etwa des Doppelstockbusses oder des Busses mit besonderem Aufbaudeck oder der Omnibus mit Salon.

## Ⅳ Schlußbetrachtung

Fassen wir zusammen! Der Anteil der Nutzfahrzeuge — insbesondere der des LKW — am KFZ-Bestand in den 1960er und 1970er Jahren in Japan war besonders hoch im Vergleich zu demjenigen anderer Industrieländer. Erst 1974 erreicht der PKW-Anteil 59,2% des Gesamtkraftfahrzeugbestandes in Japan. Daraus ergibt sich, daß der LKW eine entscheidende Rolle für die Massenmotorisierung innehatte — jedenfalls war seine Bedeutung für die Motorisierung höher als bei den übrigen Industrieländern. Dies gilt besonders für den Mini-LKW, dessen Verbreitung den Bedarf an erst richtig in Gang gesetzt hat, denn der Mini-LKW war ja nicht nur Last-Kraftfahrzeug, sondern diente auch der Personenbeförderung. Er wurde für geschäftliche Zwecke und für private Personenbeförderung genutzt.

1985 betrug der Anteil der Mini-LKW-Zulassungen am der Gesamtzulassungszahl für LKW sogar 60%. Und 1994 liegt sein Anteil immer noch bei 38%. Die entsprechende Mini-LKW-Bestandsziffer für das gleiche Jahr lautet 55,6% (s. Tab. 2-1-3.).

Aus dem vorhin dargelegten Materials und aus den Anteilziffern läßt sich folgern, daß der Mini-LKW stets im Mittelpunkt der Produktions- und Nachfrageentwicklung stand und daß der Mini-LKW-Produktion eine wichtige Rolle, wenn nicht die Rolle, als Antriebsfeder der PKW-Nachfrage in Japan zukam.

# 第2章　日独自動車メーカーの製品戦略

## 序——問題の所在

'80年代の初頭に米国市場における日本車のシェアが20%を超えると，貿易摩擦が日米両国間の政治問題に発展し，遂に'81年5月1日から協定に基づいて日本車の輸出自主規制が開始された。さらに円高により日本車の販売価格が引き上げられたこともあって，日本車の競争優位の条件は次第に変化しはじめた。これに対して，日本の自動車メーカーは摩擦解消や円高対策として現地生産を開始するとともに，輸出台数の制限による売上高の減少を防ぐために，1台当りの付加価値を高めて従来の低価格小型車メーカーのイメージを一掃し，徐々に上級車市場への参入をはかろうとしている。したがって見方によれば，米国は輸入規制の強化によって日本車の高級化を促したともいえるのであって，高級車市場に強力な競争相手を呼び込むことになる可能性がある[1)]。

一方，小型車の供給業者としては新たに韓国のメーカーが台頭してきているので，小型車市場において日本が失ったシェアを必ずしも欧米車が占めることにはならないであろう。日本の自動車メーカーの高付加価値戦略と後発国メーカーの台頭——GMをはじめとする米国大手のワールド・カー構想が所期の成果を十分に上げえなかった一因もここにあると考えられる[2)]。

また日本国内の需要動向にも，'88年の「シーマ現象」やここ数年続いている輸入高級車ブームに見られるような高級車（3ナンバー）志向が現われており[3)]，乗用車を「下駄代わり」と考えているユーザー層は中古車市場（ことに低年式車[4)]の増加が目立つ）へ流れている[5)]。つまり，需要拡大のコアになるようなユーザー層は高級車志向を強めているといえるのである。

逆に，高級車メーカーとして世界的名声を確立しているドイツのダイムラー・ベンツ社やBMW社などは,'80年前後から「高級車の大衆化」[6]ともいえる製品戦略によって，第二次石油危機以降，欧州自動車産業の地盤沈下がますます進むなかで例外的に業績を伸ばしてきている。例えば，後述するように，ダイムラー・ベンツから'82年に発売された小型車190シリーズやBMWの「ノイエ・クラッセ」のニッチ戦略[7]から生まれた同社の主力車種3シリーズ（'75年発売）などは，意図的にしろ結果的にしろ明らかに「高級車の大衆化」によって成功を収めた事例であろう。

ことにBMWの3シリーズの'87年度の生産台数は30万1,459台で乗用車部門のモデル別生産台数の世界ランキング第16位に入っており，本田技研のシビック34万8,122台（同第14位），日本の典型的大衆車サニー41万7,716台（同第7位）あるいは西独の量販車種の代表オペル・カデット53万7,601台（同第4位）に較べても決して小さな生産規模とはいえない。これは表2-2-1に示されているように'85年度,'86年度についても同様である[8]。3シリーズの排気量が最低でも1.8ℓあることを考えると，このクラスの車種の生産規模としては驚異的である。

また，BMWの'85年度の自動車生産台数（43万1,085台）は，世界ランキング第20位のダイハツ（57万8,937台）と10万台以上の差があるにもかかわらず，売上高では第15位（'86年度71億6,630万ドル）である。ダイハツの主力生産車種は商用車であるから，両社の利益構造のこの大きな違いは，われわれにとってなおさら意外であり，製品戦略の1つのあり方を示唆するものと思われるのである。BMWと同様のことは，ダイムラー・ベンツにも当てはまる[9]。

もちろん，ドイツの高級車メーカーの製品戦略は，小型大衆車の分野での競争優位を基盤とする日本のメーカーがはじめからとりうる戦略ではないし，またそれは模倣する必要もない戦略であろう。「高級車の大衆化」は,'87年に世界最高となった高賃金（ドイツ自動車工業会の資料によると,'89年度の西独自動車産業の1時間当りの労務費は39.69マルクでスウェーデンの40.46マルクよりは低い）[10]とマルク高とのために，コスト競争の面でつねに不利な立場にあった西独メーカーが，'70年代から'80年代にかけて量

表2-2-1　モデル別生産台数ベスト20（乗用車）

（単位：台）

| | 1985年 | | 1986年 | | 1987年 | |
|---|---|---|---|---|---|---|
| | モデル名 | 台数 | モデル名 | 台数 | モデル名 | 台数 |
| 1 | Golf（VW・西独） | 648,096 | Golf（VW・西独） | 763,324 | Golf（VW・西独） | 821,384 |
| 2 | **カローラ（トヨタ・日本）** | **605,468** | Uno（Fiat・イタリア） | 661,635 | Uno（Fiat・イタリア） | 682,260 |
| 3 | Uno（Fiat・イタリア） | 555,572 | **カローラ（トヨタ・日本）** | **581,509** | **カローラ（トヨタ・日本）** | **610,756** |
| 4 | Kadett（Opel・西独） | 525,759 | Kadett（Opel・西独） | 558,618 | Kadett（Opel・西独） | 537,601 |
| 5 | Cavalier（GM・アメリカ） | 492,004 | 205（Peugeot・フランス） | 490,896 | 205（Peugeot・フランス） | 515,352 |
| 6 | **サニー（日産・日本）** | **489,920** | **サニー（日産・日本）** | **434,665** | R5（Renault・フランス） | 462,795 |
| 7 | 205（Peugeot・フランス） | 474,773 | R5（Renault・フランス） | 432,775 | **サニー（日産・日本）** | **417,716** |
| 8 | R5（Renault・フランス） | 454,089 | **シビック（本田・日本）** | **404,653** | Taurus（Ford・アメリカ） | 405,640 |
| 9 | **シビック（本田・日本）** | **451,279** | **ファミリア（マツダ・日本）** | **400,812** | Escort（Ford・アメリカ） | 394,699 |
| 10 | **ファミリア（マツダ・日本）** | **381,678** | Cavalier（GM・アメリカ） | 395,151 | R21（Renault・フランス） | 369,784 |
| 11 | Ciera（GM・アメリカ） | 356,798 | Escort（Ford・アメリカ） | 378,341 | **ファミリア（マツダ・日本）** | **359,304** |
| 12 | Escort（Ford・アメリカ） | 344,548 | Taurus（Ford・アメリカ） | 335,689 | **カムリ（トヨタ・日本）** | **349,814** |
| 13 | R11（Renault・フランス） | 315,546 | 3シリーズ（BMW・西独） | 317,786 | Beretta/Corica（GM・アメリカ） | 348,806 |
| 14 | **ブルーバード（日産・日本）** | **310,518** | Delta 88（GM・アメリカ） | 291,346 | **シビック（本田・日本）** | **348,122** |
| 15 | Century（GM・アメリカ） | 299,104 | **アコード（本田・日本）** | **286,219** | Cavalier（GM・アメリカ） | 315,328 |
| 16 | Chevrolet（GM・アメリカ） | 289,821 | BX（Citroen・フランス） | 285,874 | 3シリーズ（BMW・西独） | 301,459 |
| 17 | 3シリーズ（BMW・西独） | 287,158 | R21（Renault・フランス） | 283,671 | BX（Citroen・フランス） | 292,585 |
| 18 | **カペラ（マツダ・日本）** | **281,385** | **ミラージュ/フィオーレ（三菱・日本）** | **280,856** | Panda（Fiat・イタリア） | 292,269 |
| 19 | Corsa（GM・スペイン） | 277,101 | Corsa（GM・スペイン） | 280,854 | Sierra（Ford・西独） | 285,146 |
| 20 | Celebrity/Malibu（GM・アメリカ） | 264,097 | Sierra（Ford・西独） | 266,422 | Celebrity（GM・アメリカ） | 285,111 |

資料：各国自工会資料。

出所：日産自動車㈱編『自動車産業ハンドブック1988年版』より。

注：1．日，米，西欧のメーカーに限る。2．海外子会社生産分は除く。

産小型車の分野で国際競争力を維持しえず，見方によれば「日本の挑戦」によって高級車市場に封じ込まれた結果（VWが'87年に，米国での乗用車生産事業からの撤退を決定したことは，これを象徴している），必然的に生まれた戦略ともいえるのであり，「大衆化」の出発点は高級車市場の規模拡大であった。

これに対して，経済摩擦，国内需要動向の変化および製品・工程技術の革新が日本の乗用車メーカーにもとめているのは，「大衆車の高級化」[11]であり，現に各メーカーの製品戦略はその方向で展開されつつある。

以下，われわれは試論的にではあるが，'80年代を通じて日本と西独の自動車メーカーの製品戦略に見られた傾向，すなわち前者の「大衆車の高級化」と後者の「高級車の大衆化」について，製品競争力の観点から理論的に検討し，両者の相違を「量産をベースとするイノベーション戦略」と「ニッチをベースとするイノベーション戦略」との製品戦略の基盤の違いとして捉え，その具体的な証拠を挙げながら明らかにしたい。またそのさい，この時期の日独の製品戦略の共通の前提として，ハイテク技術による高価値製品のコモディティ化[12]があったことをも併せて指摘したい。

## I　ドイツの自動車メーカーの製品戦略

### 1．第一次石油危機以後の西独自動車産業

われわれは，2度の石油危機に伴う経済環境の変化，特に第一次石油危機（'73年）を契機とする戦後最悪といわれた自動車不況を乗り切った唯2つの自動車生産国が日本と西独であることを知っている。しかし，第二次石油危機（'79年）以降も躍進を続け，「日本の挑戦」として世界の自動車産業に計り知れない大きなインパクトを与えた日本の自動車産業とは異なり，西独の場合は代表的な小型車大量生産メーカーであるVWの経営が再び悪化したことにもあらわれているように，高労働コストのために小型車の分野におけるコスト競争力を失い，さらにアメリカでの現地生産に失敗したこともあって，北米乗用車市場におけるシェアを日本車に奪われた。世界最大の自動

車市場である北米での業績不振は現在もなお続いており，EC 域内の自動車メーカー全体の販売シェアは’80年以降５％前後からそれ以下へと長期低落の傾向にある（図２－２－１参照)。これに対して日本車のシェアは単独で優に20％を超えており，両者の競争力の差は歴然としている。

これだけの競争力をもつ日本の小型車が，EC 各国市場へ無制限に流れ込むことになれば，第一次石油危機以降，自動車不況が長期化しているなかで，ただでさえ小型車メーカー間の競争が激しい欧州自動車産業は一体どうなるのか――「日本の挑戦」に対して EC 主要自動車生産国の業界関係者および世論の大勢が脅威論に傾斜したのも当然である[13]。しかし，その過程で保護主義を強く主張するフランスとイタリアに対して，西独が一貫して自由競争の立場から日本車の輸入規制に反対してきたことは，単に市場経済重視の政策的立場からというよりも，むしろ自国の自動車産業の実力への確固たる信頼に基づくものであることを物語っている（表２－２－２参照)。

第一次石油危機以後，全般的に低迷を続ける欧州自動車産業のなかで，西独の自動車産業の業績が例外的に好調に推移したことは前述のとおりだが，この点（すなわち例外的であった点）は西独製造業全体との比較においてもいえることであって，例えば図２－２－２の西独製造業の税引前の総資本利益率の推移に示されている。’74年以前には，自動車産業の総資本利益率は製造業全体の平均を上回るときもあれば，逆に下回るときもあったが，’75年以降は依然として不安定な推移を示しながらも製造業全体の平均を下回ることはなかった。好調な業績によって，自動車産業の投資活動も他産業に較べて著しく活発化した。総投資額の前年比増加率（図２－２－３）を見ると，自動車産業の総投資額は’79年～’83年の間，毎年約50％増加している。これは，日米欧３極間の小型車戦争の激化に備えた設備投資の側面もあったと考えられるが，ドイツの著名な経営学者アルバッハによれば，西独自動車業界が石油危機後の経済環境のドラスティックな変化に対して，「先行投資による適応」[14]の方向へ他産業よりも速やかに移行しえたことを示すものである。

投資の活発化に伴う資金不足は，長期借入資本によって補われた。この時

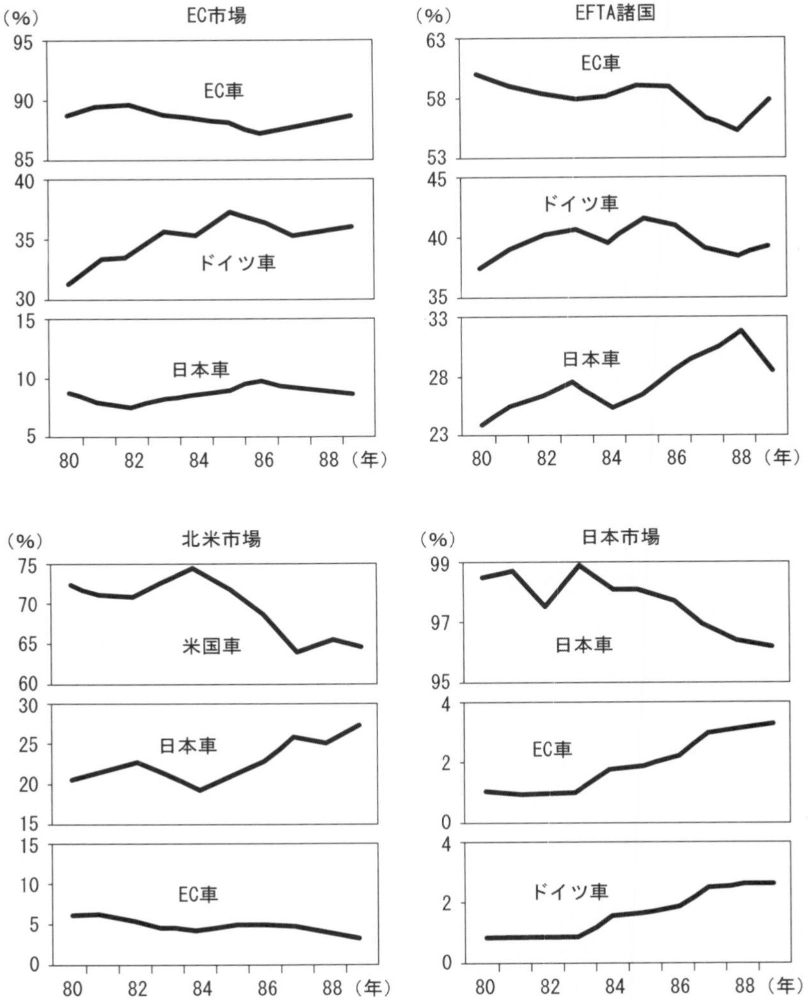


図2-2-1　世界主要乗用車市場における国・地域別シェア（単位：%）
出所：ドイツ自動車工業会資料。

表２-２-２　EC主要国の日本車に対する輸入規制

| | |
|---|---|
| ドイツ（旧西独） | 輸入規制なし |
| フランス | シェア3%まで |
| イギリス | シェア11%まで |
| イタリア | 3,300台 |
| スペイン | 2,000台（乗用車のみ） |

出所：*Wirtschaftswoche*, Nr. 36, 2. 9. 1988.

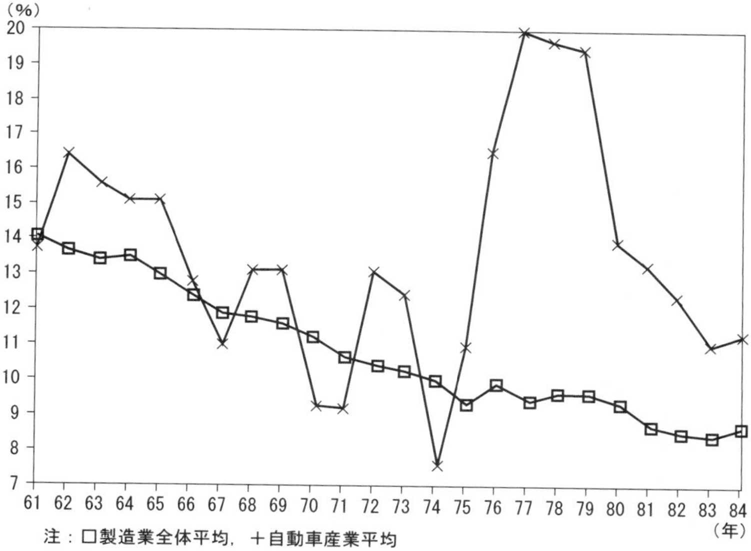


注：□製造業全体平均，＋自動車産業平均

図２-２-２　ドイツ（旧西独）製造業の総資本利益率の推移

出所：Albach, H., *Das Automobil zwischen High-Tech und Commodity*, Frankfurt, 1986.

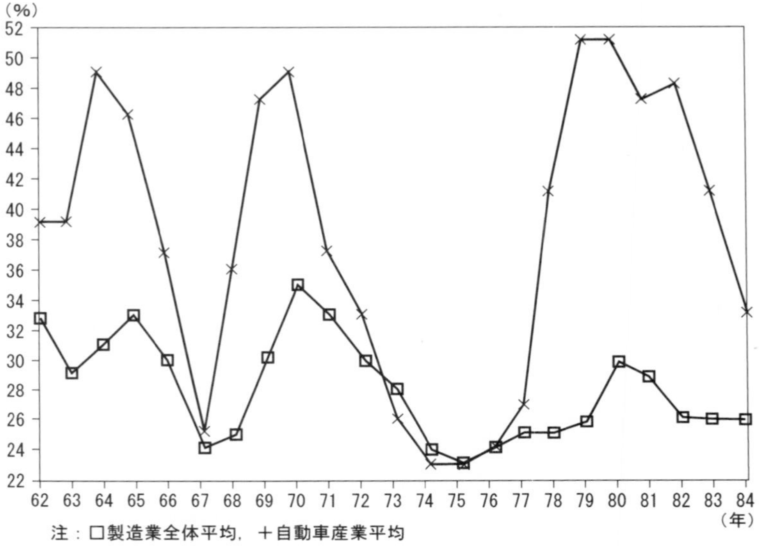


図2-2-3　ドイツ（旧西独）製造業の前年比総投資額増加率の推移

出所：Albach, H., *a.a.O.*

期（'79年～'83年）の西独自動車産業の総資本に対する長期借入資本の比率は，平均で20%から30%へ増大した。しかし，これが単なる合理化投資でなかったのは，総資本の増加率が従業員１人当りの資本装備額の増加率を上回っていることから分かるのであり（表2-2-3参照），アルバッハは，この時期の自動車産業に見られた高投資が労働力節約型の投資ではなく，職場創造的投資であったことを指摘している。

以上の点から彼は，西独自動車産業が２度の石油危機を好機として新たな事業機会を見出し，活発な投資活動によって環境変化に創造的に対応しえたと主張するのである。ボン大学のアルバッハの研究所が毎年行っている調査によると，成長率および収益性を基準にした西独企業のランキング（ただし公益事業とビール醸造業を除く）では，BMW が第２位，第３位にダイムラー・ベンツ，第９位にアウディがそれぞれ入るという[15]。したがって，欧州の主要産業全体のなかで見れば，成長部門と衰退部門の境界にあるといわれる自動車産業であるが[16]，西独の場合には自動車産業が成長部門の最右翼であったといっても過言ではないのである。

産業の成長は産業政策の課題でもあるが，基本的には個別企業の経営努力によってもたらされるものである。このことは欧州域内に本拠をもつ企業に特に当てはまる。これらの企業にとって欧州域内での販売競争は国境のない競争である。ことに'83年以降は，EC と EFTA との間に結ばれた自由貿易地域協定のために，「これを構成する17カ国にとっては国内市場と国外市場との違いがほとんどなくなっているのが現実である。したがってそこで演じ

**表２-２-３　ドイツ（旧西独）製造業における総資本増加率・従業員数増加率・従業員１人当り資本装備額の推移**

| | (前年比)総資本増加率(%) | | (前年比)従業員数増加率(%) | | 従業員1人当り資本装備(百万マルク) | |
|---|---|---|---|---|---|---|
| 年 | 製造業全体 | 自動車 | 製造業全体 | 自動車 | 製造業全体 | 自動車 |
| 1961 | — | — | — | — | — | — |
| 1962 | 7.1 | 14.3 | 1.9 | 10.4 | 38.9 | 25.6 |
| 1963 | 6.5 | 12.9 | 0.1 | 8.0 | 40.7 | 26.9 |
| 1964 | 8.3 | 14.0 | 1.5 | 4.9 | 43.5 | 29.3 |
| 1965 | 11.5 | 25.4 | 1.2 | 7.1 | 45.7 | 34.6 |
| 1966 | 5.6 | 7.5 | -0.4 | 2.0 | 48.5 | 35.9 |
| 1967 | 4.7 | -0.3 | -2.6 | -2.8 | 51.1 | 36.6 |
| 1968 | 7.4 | 15.2 | -0.5 | 6.7 | 52.9 | 39.3 |
| 1969 | 13.3 | 23.2 | 2.4 | 26.0 | 58.4 | 42.5 |
| 1970 | 12.3 | 17.5 | 3.0 | 16.8 | 62.5 | 42.0 |
| 1971 | 8.3 | 6.4 | 2.8 | 4.5 | 64.8 | 42.3 |
| 1972 | 9.3 | 3.7 | 1.1 | 0.2 | 68.0 | 43.8 |
| 1973 | 8.6 | 15.8 | 1.6 | 1.9 | 71.4 | 49.2 |
| 1974 | 7.2 | -3.2 | -0.6 | -2.5 | 75.9 | 48.6 |
| 1975 | 3.7 | 7.6 | -3.6 | -6.0 | 78.5 | 55.9 |
| 1976 | 7.4 | 14.1 | -2.6 | 0.1 | 84.3 | 64.6 |
| 1977 | 4.2 | 10.9 | -0.7 | 5.7 | 87.4 | 68.1 |
| 1978 | 5.4 | 13.9 | -1.2 | 4.4 | 89.8 | 73.5 |
| 1979 | 6.9 | 12.7 | -1.1 | 3.1 | 96.1 | 79.5 |
| 1980 | 7.1 | 6.4 | 0 | 1.0 | 99.6 | 83.9 |
| 1981 | 4.5 | 10.8 | -1.0 | -0.1 | 100.9 | 90.9 |
| 1982 | 2.3 | 2.2 | -2.4 | 1.2 | 103.3 | 92.7 |
| 1983 | 3.5 | 11.7 | -3.6 | 1.3 | 106.9 | 103.1 |
| 1984 | 4.7 | 7.7 | -2.6 | 0.9 | 112.8 | 111.0 |

出所：Albach, H., *a.a.O.*

られる販売競争にいったん敗れたら最後，どんな有力メーカーでもたちまち赤字と決定的な経営不振に転落するほかはない。」[17)]

日本の自動車業界では，各社間にグループ提携が存在するとはいうものの，ともかく11社もの自動車メーカーがきわめてダイナミックな競争構造を維持しているために，生産ベースで年間200万台以上のメーカーもあれば50万台以下のメーカーもある状態であって，寡占的な産業構造がかつて実現したことはなく，この点で米国自動車産業の寡占構造とは大きく異なるという指摘があるが[18)]，日本と似た状況はEC市場統合後においてはもちろん，統合前においても欧州自動車産業に見ることができる（表２－２－４a，b参照）。これにさらに日本車などの輸入車が競争に加わることを考慮すれば，その競争の熾烈さは日本の自動車市場の比ではないことが分かる（表２－２－４と併せて図２－２－１も参照のこと）。

表２－２－４aを見ると，'87年時点の欧州乗用車市場で10％以上のシェアをもつメーカー（グループ）は，GM（10.5％），フォード（11.9％），VW（12.6％），ルノー（10.9％），PSA（12.3％），フィアット（12.6％）の６社であるが，いずれも10％をわずかに超える程度で，寡占構造ではないといってもトヨタを頂点とする日本の乗用車市場の競争構造とは様相がかなり異なっている。しかし，原産国別のシェアを見ると，'86年度は西独がEC乗用車市場の34.5％のシェアを占めており，他のEC諸国を圧倒している。

われわれは，西独の自動車メーカーが，ただでさえ供給過剰となっている欧州乗用車市場で，国境のない激しい販売競争に勝ち抜いてきたことを知らねばならない。そこにBMWやダイムラー・ベンツが現在のような製品戦略をとるに至った競争環境があったのである。

## ２．現実的楽観主義の投資戦略

さて，石油危機のような外的環境の変化に伴う景気変動に際して，企業はなぜ巨額の投資を行おうとするのか。第二次石油危機後の西独自動車産業に見られた活発な投資行動が，単に環境変化への適応だけを意図したものでないことは明らかである。不況期であれば，むしろ過剰生産能力を整理して減

表2-2-4a　欧州；メーカー（グループ）別乗用車新車登録台数，シェア（1987年）

（単位：台，％）

| | EC合計 | 欧州計 |
|---|---|---|
| GM | 1,187,349（ 10.5） | 1,310,948（ 10.5） |
| Ford | 1,375,971（ 12.1） | 1,482,379（ 11.9） |
| Chrysler | 320（ － ） | 976（ － ） |
| Rover Group | 413,212（ 3.6） | 415,813（ 3.3） |
| VW | 1,417,966（ 12.5） | 1,572,476（ 12.6） |
| D-Benz | 396,503（ 3.5） | 428,229（ 3.4） |
| BMW | 265,502（ 2.3） | 292,980（ 2.3） |
| Porsche | 11,605（ 0.1） | 13,440（ 0.1） |
| Renault | 1,320,665（ 11.6） | 1,356,041（ 10.9） |
| PSA | 1,471,127（ 13.0） | 1,539,284（ 12.3） |
| Fiat | 1,518,360（ 13.4） | 1,571,710（ 12.6） |
| Alfa Romeo | 178,159（ 1.6） | 187,423（ 0.2） |
| Seat | 291,438（ 2.6） | 298,103（ 2.4） |
| Volvo | 169,085（ 1.5） | 267,064（ 2.1） |
| Saab | 27,807（ 0.2） | 68,848（ 0.6） |
| VAZ | 96,407（ 0.8） | 119,281（ 1.0） |
| Zastava | 10,901（ 0.1） | 10,901（ 0.1） |
| Skoda | 31,504（ 0.3） | 35,284（ 0.3） |
| FSO | 7,760（ 0.1） | 8,313（ 0.1） |
| 現代 | 16,845（ 0.1） | 16,845（ 0.1） |
| 日産 | 294,261（ 2.6） | 362,444（ 2.9） |
| トヨタ | 243,623（ 2.1） | 348,235（ 2.8） |
| マツダ | 176,718（ 1.6） | 235,728（ 1.9） |
| 三菱自工 | 114,697（ 1.0） | 150,303（ 1.2） |
| 本田技研 | 103,104（ 0.9） | 128,372（ 1.0） |
| いすゞ | 8,607（ 0.1） | 10,140（ 0.1） |
| ダイハツ | 30,649（ 0.3） | 37,496（ 0.3） |
| 富士重工 | 31,556（ 0.3） | 55,476（ 0.4） |
| 鈴木自工 | 66,550（ 0.6） | 80,170（ 0.6） |
| その他 | 70,099（ 0.6） | 72,652（ 0.6） |
| 合計 | 11,348,350（100.0） | 12,477,354（100.0） |

注：欧州計は記載の17カ国の合計値。

資料：日産自動車編『自動車産業ハンドブック1988年版』より。

表2-2-4b　欧州；原産国別新車登録台数，シェア（1986年）

（単位：台，％）

| | | EC合計 |
|---|---|---|
| 乗用車 | イギリス | 941,861（ 8.9） |
| | 西ドイツ | 3,631,878（ 34.5） |
| | フランス | 2,156,223（ 20.5） |
| | イタリア | 1,584,339（ 15.0） |
| | 日本 | 1,039,960（ 9.9） |
| | アメリカ | 3,087（ － ） |
| | スペイン | 760,535（ 7.2） |
| | スウェーデン | 116,698（ 1.1） |
| | ソ連・東欧 | 155,960（ 1.5） |
| | その他 | 138,549（ 1.3） |
| | 合計 | 10,529,090（100.0） |
| 商用車 | イギリス | 193,059（ 14.9） |
| | 西ドイツ | 264,674（ 20.4） |
| | フランス | 371,784（ 28.7） |
| | イタリア | 122,974（ 9.5） |
| | 日本 | 126,603（ 9.8） |
| | アメリカ | 3,201（ 0.2） |
| | スペイン | 158,555（ 12.2） |
| | スウェーデン | 27,072（ 2.1） |
| | ソ連・東欧 | －（ － ） |
| | その他 | 29,082（ 2.2） |
| | 合計 | 1,313,489（100.0） |
| 合計 | イギリス | 1,134,920（ 9.6） |
| | 西ドイツ | 3,896,552（ 32.9） |
| | フランス | 2,528,007（ 21.4） |
| | イタリア | 1,707,313（ 14.4） |
| | 日本 | 1,166,563（ 9.9） |
| | アメリカ | 6,288（ 0.1） |
| | スペイン | 919,090（ 7.8） |
| | スウェーデン | 143,770（ 1.2） |
| | ソ連・東欧 | 155,960（ 1.3） |
| | その他 | 167,631（ 1.4） |
| | 合計 | 11,842,579（100.0） |

注：EC合計の商用車にはルクセンブルクとギリシャの商用車を含まない。

資料：日産自動車編『自動車産業ハンドブック1988年版』より。

量経営に徹するのが合理的なはずである。

しかしそれにもかかわらず，現実には，まだ景気の見通しもはっきりしない時期に，西独自動車メーカーは数年間継続して大規模な投資を行ったのである。経済環境の変化を契機として投資決定がなされたとはいえ，これだけの大規模投資を行うからにはもっと積極的な意図がなければならない。つまり，それは競争条件の変化を絶好の機会として新世代のファースト・ムーバー（先発企業）[19] になるための投資であり，逆に自らに有利な競争環境を作り出すための投資である。近年では，投資総額50億ドルといわれたGMのサターン計画などもこの種の投資に属するであろう。

この点についてアルバッハは，'82年末にダイムラー・ベンツから発売されたメルセデス190が，省エネ，小型軽量化の波になりふりかまわず乗ろうとしたものかという一部自動車関係筋の疑念に対して，当時のダイムラー・ベンツ社長ゲルハルト・プリンツが答えた次の言葉を引用している[20]。

「この車（メルセデス190）は，西暦2000年になっても，わが国の道路を走っているだろう。この車は既存の流行に合わせて作られたのではなく，流行を生み出すために作られたものだ。」

しかし，環境変化に際して行われる大規模投資は，それが巨額であればあるほど，それだけ大きなリスクを伴うことになる。将来を正確に予測してなしうる投資の範囲はあまりにも限られている。将来のシナリオは楽観的にも悲観的にも書けるものである。経営者の基本姿勢が楽天的でなければ，この種の大規模投資が実行されることはまずないであろう。アルバッハによれば，経済環境の変化が大きければ大きいほど，それを克服するために必要になってくるのは，投資決定の際の楽天性である。それはもちろん，現実的計慮から乖離した楽天性ではない。

アルバッハは，このような現実的楽観主義（realistischer Optimismus）の投資戦略こそ，実は日本企業の成功の鍵であったと見ている。日本企業は，現実的楽観主義の戦略によって第一次石油危機後の自動車産業のファースト・ムーバーになったのである。なるほど，われわれが例えば本田技研の沿革を調べて思うことは，会社が重大な転機を迎えたときに必ず見られる現実的楽観主義である[21]。これは経営者の個性にもよることであろうが，そこにわれわれは企業成長の推進力の普遍的なあり方を見出すことができる。

第二次石油危機後に西独の自動車メーカーを導いていたのも，現実的楽観主義の投資戦略であったといえるであろう。現実的楽観主義の戦略が成功すると，自らが創造した競技ルールによる競争に競合他社は否応なく巻き込まれることになる。

では，日本の自動車メーカーが創造した競技ルールとは一体何であったか。次にそれを検討しよう。

## ３．製品戦略における「日本の挑戦」の意義
## ――アルバッハの分析――

‘80年代前半に，欧米の自動車業界に脅威を与えた「日本の挑戦」は，成熟化しつつあった自動車産業の多くの常識を打ち破る意義をもち，脱成熟化の口火を切ったといわれる[22]。もちろん，「日本の挑戦」が，本当に自動車産業の脱成熟化をもたらしたのか，あるいはもたらしつつあるのかという点については，現状のような自動車の循環型需要構造[23]（メーカーにとっては成熟市場という大きさの決まったパイの奪い合いを意味する）に根本的変化がない限り，最終的な評価を下すことはできない。しかし，「日本の挑戦」が自動車産業の多くの常識を打ち破ったことは事実であって，日本のメーカーは自動車の販売競争に新たな競技ルールを持ち込んだのである。

市場競争は，メーカーの製品，工程，物流，販売等の総合力によって展開されるものであるが[24]，自動車産業における「日本の挑戦」が論じられる場合に特に強調されるのは，日本のメーカーがその優れた生産・管理技術（ジャスト・イン・タイム方式や日本的品質管理など）によって，本来なら両立しがたい高品質と低価格（低コスト）の２つの要求を同時に満たしたという点である。しかしいま，「日本の挑戦」の延長線上に‘80年代の日本の自動車メーカーの製品戦略を位置づけようとするならば，単に品質と価格と

の関係だけではなく，品質に性能，デザイン，ブランド・イメージなどをも加えた製品価値と価格との関係として製品戦略を捉え直す必要があるであろう。しかるのちにはじめて，日本の自動車メーカーが創造した競争ルールの意味が明らかになるであろうし，その競争ルールの１つの展開として「大衆車の高級化」という製品戦略も成り立ちうるのである。

さて，製品価値と販売価格との組合わせによってさまざまな製品戦略が成立しうるが，日本車と欧州の主要自動車メーカーの製品についてこれを例示すれば，おそらく図２-２-４のようになると考えられる。図２-２-４は，縦軸に買手から見た効用の束としての製品価値をとり，横軸には価格設定の基礎となる製造原価をとって，図上に各メーカーの製品をプロットしたものである。もちろん，この図を単純に製品価値＝販売価格と考えて，販売価格－製造原価＝利益であるから，製品の位置が図の左下から右上に移行するにつれてメーカーの利益が増大することを表わしたものと解することもできる。

しかし，製品価値と販売価格との間に関連性はあるとしても，販売価格の設定は基本的には営業政策上の問題であるから，製品の位置が図の左下から右上に移行することは，高価値製品を低価格で販売しうるメーカーの能力が高まることをも意味しており，その製品競争力の向上を示している。したがって図上の位置から，日本車が「高製品価値」と「低価格」とを同時に達成することによって最も高い製品競争力をもっていることが分かる。

図２-２-４において，左上から右下にかけて製品の位置と位置とを結んで引かれた数本の直線は，等競争力線（競争力の無差別線）である。直線の傾き（代替率）は，買手が製品のもたらす効用の差によってどのくらいの価格差を妥当と認めるかを表わしている。つまり，買手にとって，同一直線上にある製品群のなかから特定製品を選択することは，その製品競争力に差がないので，結局は同一メーカーが提供する一連の製品系列のなかから，この直線の勾配に沿って製品価値を優先するか，価格を優先するかを決め，それによって購入する車格を決定するようなものである。しかし，この直線上の製品よりもさらに右側にある直線上の製品は，すでに価格競争力の点で前者を上回っているので，同一の製品価値であれば，買手は特に理由がない限り右

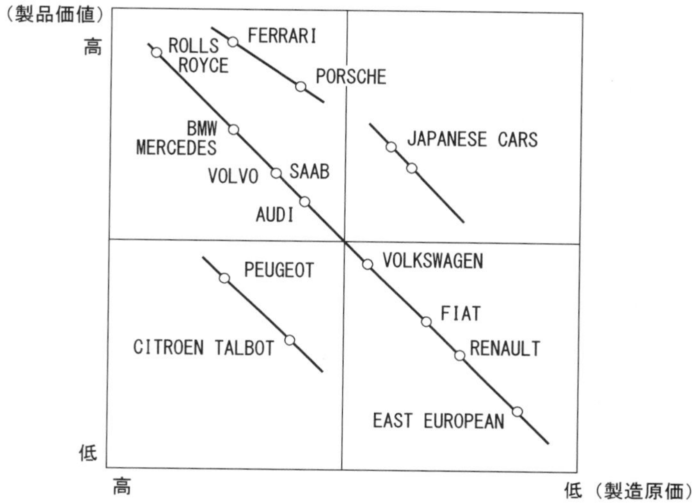


**図２-２-４　製品価値と製造原価のマトリックス**

出所：Albach, H., *a.a.O.*

側の直線上にある製品を選択するであろう。

要するに，図の左下の象限にある製品には，他の象限に位置する製品と比較して，いかなる点においても市場競争力がないといえるのである。

以上のような，製品価値と製造原価による製品競争力の分析から，アルバッハは３つの基本戦略が成り立ちうることを指摘する。図２-２-５は，３つの基本戦略の特徴を明確に示すために，図２-２-４から具体的な製品名（メーカー名）を取り除いたものである。図の左下の象限に位置する製品（あるいはメーカー）にいかなる点でも市場競争力がないことはすでに指摘したとおりであるから，製品戦略として成り立ちうるのは残りの３象限，すなわち左上のニッチ戦略，右上のイノベーション戦略，右下の量産戦略である。したがってメーカーは，このいずれかの戦略をとらない限り，市場から早晩撤退せざるをえない。図の３方向の矢印はこの点を示したものである。

アルバッハがこの図で主張したかったのは，右上のイノベーション戦略こそが，いかなる競争条件の下でもメーカーをつねに優位な立場に導くという

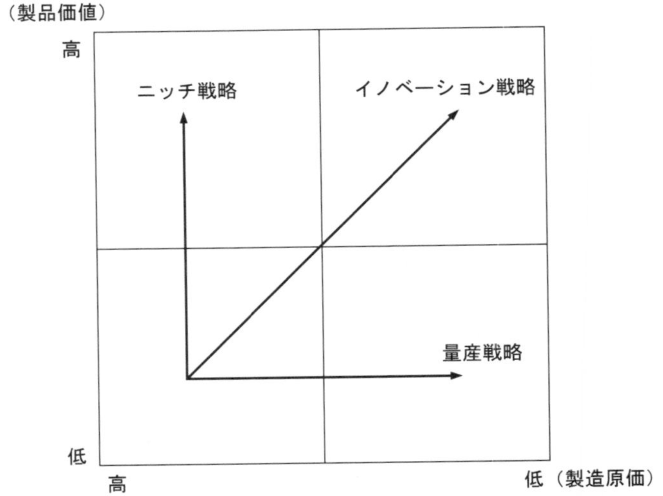


図2-2-5　3つの基本戦略
出所：Albach, H., *a.a.O.*

ことであった。前述のように，等競争力線上にあるメーカー間の競争力は均衡しているので，各メーカーはニッチ戦略または量産戦略のいずれかに重点をおくことによって，好不況による市場規模やシェアの変動はあるものの，ともかく市場で共存することができる。しかし，イノベーション戦略をとるメーカーが現われると，等競争力線は右上へシフトすることになるから，この新たな等競争力線上で競争する能力のないメーカーは，ニッチ戦略をとろうと量産戦略をとろうと，イノベーション戦略をとるメーカーにはもはや対抗しえない。なぜなら，イノベーション戦略とは，同一価値をもつ製品をより低価格で販売すると同時に，同一価格でより価値の高い製品を販売することだからである。新規参入のメーカーが急速にシェアを拡大するためにイノベーション戦略をとることが多いのはそのためである。それによって市場の均衡が破壊されるのである。重要なことは，高製品価値と低価格の両輪が揃ってはじめてイノベーション戦略が成立しうるという点である。

さらに長期的にみても，ニッチ戦略をとり続けることには限界がある。すなわち，ニッチ戦略では製品価値をつねに高めていくことが要求されるが，製品価値が買手に与える追加的効用に対して，買手がもはやそれ以上支払う必要を認めなくなる限界点――例えば素人には使いこなせないような高価格の高機能製品――に早晩到達する可能性があるからである。また，「規模の経済」と「経験効果」を前提とする量産戦略においては，生産システムの経済性が重視されるあまり，部品の共通化・標準化と部品生産の集約化・集中化が過度に押し進められる結果，ユーザー・ニーズの多様化への対応が遅れることになる。周知のように，この史上有名な事例はＴ型フォードであるが，最近では，国際分業方式による小型車の大量生産と海外の子会社や提携先の利用によるその大量販売を意図したGM，フォードなどのワールド・カー構想も典型的な量産戦略であった。

このような他の２つの製品戦略の限界を同時に突破するのがイノベーション戦略である。それは，例えばFMS（Flexible Manufacturing System）などの生産工程の革新によって，多品種少量生産でもコスト優位を維持しうるとともに，ハイテク技術による高価値製品のコモディティ化（普及品化あるいは素材化）[25]によって，操作の簡単な高機能製品を安価に供給しうるのである。イノベーション戦略をとるメーカーは，つねに自らのペースで（すなわち自らが創造した競技ルールに従って）競争をリードすることができるから，競争条件の変化に左右されない。この戦略が頑丈な戦略（robuste Strategie）といわれるのはそのためである。それゆえ，アルバッハは，イノベーション戦略こそ今後ドイツの自動車産業がとるべき戦略であると主張したのである。そして彼が，「日本の挑戦」といわれた日本の自動車メーカーの製品戦略にイノベーション戦略の１つの行き方を見ていることは，図２-２-４からも容易に推測しうる。もちろん，アルバッハの指摘を俟つまでもなく，ドイツの自動車メーカーはすでにイノベーション戦略へ転換をなし遂げ，着実に成果を上げつつある。しかし，私見によれば，その転換はニッチ戦略をベースにしたイノベーション戦略への移行であって，日本の自動車メーカーに見られたような量産ベースの転換とは異なる。それがすなわち'79年～'83年の間の西独自動車産業の活発な投資行動の過程で打ち出された「高級車の大衆化」の製品戦略であったと考えられる。

## 4．ドイツの高級乗用車メーカーのイノベーション戦略

西独自動車産業の製品戦略は，'80年代にイノベーション戦略へと着実に転換されていったが，その傾向は特に高級乗用車メーカーの戦略に特徴的に現われている。

ダイムラー・ベンツは'65年，子会社アウト・ウニオンのVWへの売却を機に量産乗用車市場から完全に撤退したことにより，自動車事業分野では高級乗用車と商用車の専門メーカーとなった。しかし，'73年の石油危機以後，長期化する自動車不況と省エネ志向，さらに乗用車市場の成熟化にともなうニーズの多様化への対応の一環として生産車種の見直しが行われ，①車体軽量化，②低燃費エンジンの開発，③生産工程のフレキシビリティの強化を前提に，準量産的小型高級車メルセデス190シリーズが開発され，'82年末に発売された[26)]。準量産的というのは，190シリーズが受注生産形態の量産車だからである。この車は，先に引用したプリンツ前社長の言葉にもあるように，21世紀を睨んだ新規顧客層の開拓を目的とする同社の戦略車種であって，画期的な意味をもっていた。

さて，ダイムラー・ベンツの190シリーズ開発の事例は，われわれがニッチ・ベースのイノベーション戦略と呼ぶ製品戦略の好例である。図２－２－６は，これまでと同じ図を使って，190シリーズの事例を検討したものである。Aは，標準仕様車の大量生産によるコスト優位をねらった量産戦略であって，アルバッハのいわゆるニッチ戦略としてのベンツ型製品戦略とは対照的な戦略を意味している。Bは，ベンツ型戦略そのものというよりは，その極端な形態であって，むしろポルシェのようなスペシャリティカーの専門メーカーの戦略というべきであるが，両者の相違は程度の差と考えてよかろう。

既述のように，メルセデス190は受注生産形態による量産小型高級車である。すなわち製品価値の点ではあくまで高級車としての位置づけがなされながら，生産規模の点ではコスト低減効果が十分期待できる量産性を同時に達

成しうるよう開発された車である。換言すると，その狙いは高級車としての製品価値をできる限り維持しながら，標準化による大量生産によって，ある程度普及品（commodity）の性格をもたせることにあったと考えられる。つまり，メルセデスの高級車種のバリエーションのなかに比較的安価な普及型高級車を加えることによって新規顧客層を開拓すると同時に，高級車需要の裾野をも拡大しようとしたのである。それが図２-２-６のＡおよびＢからの矢印の意味である。もちろん，そのための前提として，高級車種の大量生産を可能にする生産技術の改善が必要なことはいうまでもない。

図２-２-６に示されているように，ダイムラー・ベンツの従来の乗用車の製品系列の競争力が$X_2$の線上にあったとすれば，メルセデス190の製品競争力はさらに右上の$X_3$の線上に位置するであろう。したがって，メルセデス190が製品系列に加わることで，単に製品多様化によって製品系列に幅が

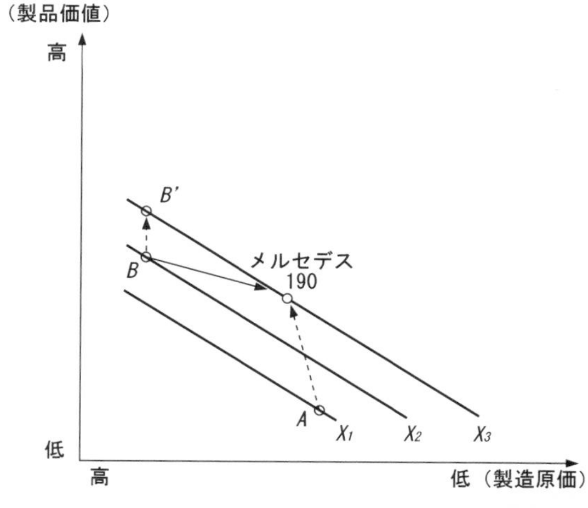


注：*A*：標準装備・標準仕様車の大量生産による戦略
　　*B*：特別装備・特別仕様車の受注生産による戦略
　　$X_{1\sim3}$：製品競争力の無差別線
　　　$X_1 < X_2 < X_3$

図２-２-６　メルセデス190の事例分析
資料：アルバッハの前掲論文を参考にして作成。

できるばかりでなく，製品系列全体の競争力の底上げも期待できるのである(B……→B')。

以上の論点をもっと明確にするために具体的な数値で示すことにしよう。われわれは，これまで高級車の語義を単に製品価値の高い車種というほどの意味で使ってきた。これは，製品価値の要素のなかに，例えば品質や性能以外のブランド・イメージなど，買手になんらかの効用を与えるものすべてを含めて考えているからやむをえないことであった。

しかし，わが国の自動車関係の諸統計資料では，道路運送車両法に従って，３ナンバー車を高級車に分類するのが通例である[27]。３ナンバー車とは，全長470cm，全幅170cm，全高200cm，排気量2,000ccのいずれかを上回る特殊車以外の乗用車のことである。そこでわれわれも，後述するような近年の日本の高級車ブームとの比較を容易にするために，同じ標準でドイツ車を分類することにしたい。

VDA（ドイツ自動車工業会）の統計では，乗用車の排気量によって生産車種を段階的に分類しているが，それによると，例えば'89年度に西独国内で生産された乗用車（CKD分を含む）のうちで生産台数が最も多かったのは，1.5ℓを超える2.0ℓ以下のクラスの車種であり，全体の60％以上を占めている（表２-２-５）。したがって西独の場合においても，2.0ℓを超えるクラスを高級車種と見なしてよいであろう。現在，メルセデス190シリーズには，1,977ccから2,498ccまでのモデルがあるが，戦略的に最も重要な役割を担っているのは，生産規模から考えても明らかに1,900ccクラス（190Eで７万

**表２-２-５　ドイツ（旧西独）国内の排気量別乗用車生産台数（1989年）**

| 排気量（ℓ） | 生産台数（台，％） | モデル数 |
|---|---|---|
| 1.0ℓ以下 | 3,663（0.1） | 1 |
| 1.0ℓ超～1.5ℓ以下 | 782,747（19.0） | 26 |
| 1.5ℓ超～2.0ℓ以下 | 2,565,626（62.2） | 94 |
| 2.0ℓ超～3.0ℓ以下 | 644,646（15.6） | 96 |
| 3.0ℓ超 | 128,750（3.1） | 28 |
| 合計 | 4,125,432（100.0） | 245 |

注：生産台数にはCKD分を含む。

資料：VDA（ドイツ自動車工業会）資料より作成。

5,463台）のモデルである。それは2.0ℓ以下の車種であるから，実質的には高級車とは呼べないけれども，メルセデスの個性がその有名なエンブレム，グリル，ボディ形状などを介して製品に歴然と現われており，買手側に高級車と同等の効用をもたらしうるのである。しかもその生産台数は，１モデルの生産規模としては，1.6ℓクラスの典型的量産車種であるフォード・エスコート，パサートSt（サンタナ），イェッタなどと比較しても決して少ないとはいえない。以上のことが，製品価値の面で高級車としての位置づけがなされながら（あるいは買手の主観によって高級車と認知されながら），コスト低減効果も十分期待できる量産性を同時に達成するというイノベーション戦略の具体的な意味である。ことに2.0ℓ～2.5ℓクラスの車種は，「高級車の大衆化」の核となる戦略車種としてその重要性を次第に増しつつある。メルセデス190シリーズの場合，2.0ℓ前後のモデルの成功によって3.0ℓクラスのモデルの製品競争力の底上げ現象が見られたし，結果的には失敗であったが，'85年に投入された300シリーズの狙いも底上げ現象の定着化にあったと考えられる。

さて，メルセデス190の事例に関して，われわれが特に指摘しなければならない点は，それがニッチ・ベースのイノベーション戦略であったということである。図２-２-６において，Ｂを起点とする実線の矢印がそれを示している。

メルセデス190が当初から準量産的車種として開発されたにもかかわらず[28]――つまり，そこにイノベーション戦略への転換があったわけであるが――，現在に至るまでダイムラー・ベンツの高級車製品系列の末端車種として位置づけられていることは，まさにそれがニッチをベースにしたイノベーション戦略であったなによりの証左である。ダイムラー・ベンツが1.6ℓクラスのモデルを発売することは，そのコスト競争力やブランド・イメージへの悪影響という点から考えても現状ではありえないし，またそのような形のイノベーション戦略はおそらく成功しないであろう。若干逆説的になるが，高級車市場で形成されたダイムラー・ベンツのニッチがなければ，メルセデス190の成功はありえなかったのである。その意味でも新製品戦略の対象として2.0ℓ前後の車種が選ばれたことは興味深い。

ニッチ戦略の前提は，高製品価値と非量産性である。もちろんニッチ（隙間）が高価値製品市場にのみあるというわけではないが，低価値製品市場においてニッチが見出されたとしても，そのようなニッチは競合他社によってすぐに埋められてしまうであろうし，かりに競合他社の間に模倣者が現われなかったり，現われても少数だったとすれば，それはそのニッチ市場の成長性に限界があったからである。低価値製品分野のニッチは，企業に長期的発展をもたらしうるようなニッチ戦略の基礎とはなりえない。最後発の自動車メーカー本田技研が，早期に軽自動車分野から撤退した理由の１つもそこにあったと思われる[29)]。

高価値製品分野のニッチは，技術的に模倣が困難であると同時に，さらにブランド・イメージによってきわめて効果的に差別化されるので，容易に模倣されない。その結果，もう１つの前提である非量産性と高コストとが，さらにその製品価値を価格面でも買手の効用面でも高めるであろう。ダイムラー・ベンツが「'60年代中期から乗用車事業を高級車に特化するに際して，生産水準を需要より低く設定してメルセデス（車）の希少性と高価格を維持する戦略を採用し」[30)]えたのはその例である。つまり，ニッチ戦略は高価値製品分野においてはじめて有効に成立しうるのである。

ところで，ニッチ戦略からイノベーション戦略への転換に伴って非量産性の前提はなくなるが，高製品価値はイノベーション戦略の場合にもやはりその不可欠の前提である。すなわち，「量産性（低価格）」と「高製品価値」という相容れない２つの要素を同時に１つの製品（あるいはシリーズ化によるそのバリエーション）に具現しなければならなくなる。メルセデス190の場合にそれが可能となったのは，高級車市場において形成されたダイムラー・ベンツのニッチが効果的に作用したためであることは明らかである。さもなければ，「普及型高級車」というような製品コンセプトは成り立ちえないであろう。ここに再び模倣困難な製品戦略が成立する。要するに，ニッチ・ベースのイノベーション戦略では，メーカーが高価値製品市場におけるそのニッチを維持し続けることによって，「普及化・大衆化」に伴うイメージダウンが回避され,「大衆化」によってかえって製品競争力を高めることができる。前述の「大衆化」による製品競争力の底上げである。それゆえ，この種のイノベーション戦略においては，企業イメージ（あるいはブランド・イメージ）を損なわないように戦略車種を決定することが非常に重要な意味をもつと考えられる。

この点に関連して，企業イメージと製品イメージとを区別しておく必要があるであろう。企業イメージは,「企業の全体に対して顧客あるいは潜在顧客が抱く心像」であり，個々の車が直接顧客に与える製品イメージとはレベルが異なるものと定義される[31]。

例えば，ある自動車メーカーの製品系列のモデル構成が,「ホイール・ベース」,「排気量」,「価格帯」等によってランク付けられ，上級車種から下級車種に至るまで車種間の連続性が一目瞭然となっている場合には，製品戦略において企業イメージが果す役割は比較的小さく，その企業イメージも個々のモデルと切り離しては考えられないほど具体的・実体的なものである。抽象的な企業イメージが「一人歩き」できないわけである。したがってこの場合，個々のモデルの製品イメージは，企業イメージから観念的に与えられるのではなく，製品系列内における車種間の比較から具体的に得られるものであって，逆にいえば，個々の製品の個性が，このメーカーの製品系列内のモデル構成を離れて見たときにははっきりしないのである。トヨタの製品戦略がこの典型であるといわれる[32]。しかし，この点はトヨタに限らず，日本の自動車メーカー全体にある程度共通していえることであって，現に日本の各メーカーは，自社の車にプロダクト・アイデンティティ（製品を通じての企業個性）をいかにして与えるかという問題に以前から取り組んできたにもかかわらず，まだ国際マーケットで認知されるほどにはなっていない[33]。

ところが，製品系列を構成する車種間に明瞭な連続性がなく，メーカーも各車種間の階層的関係に強いて拘泥しないモデル政策をとっている場合には，個別モデルの製品イメージは，そのメーカーの製品系列内の他のモデルとの比較から明らかになるのではなくて，モデル単独の個性から直接与えられなければならない。これが可能となるのは，具体的・個別的な製品イメージとは別次元に観念的・全体的な企業イメージが創造され，製品系列の１部分としてのモデル単独の個性のなかに全体としての企業イメージが刻み込まれることによって[34)]，そのモデルを製品系列から切り離して見ても，上述のプロダクト・アイデンティティが曖昧にならないからである。したがって，この場合に企業イメージが果す役割はきわめて大きいのである。

われわれは，このように製品イメージとは別次元に企業イメージが形成され，しかもそれが国際的にも認知されるほどになるためには，高価値製品市場のニッチの裏付けが必要であると考える。日本車にも「メルセデスやBMWのように，そのメーカーのファミリーであることを示す統一的イメージ」をもたせようとする日本の各メーカーの努力にもかかわらず，そのために例えばカローラからクラウンまで共通のスタイリング傾向を示したトヨタ車が「大小みんな同じスタイルで金太郎飴のようだ」という批判を受けているとすれば[35)]，それはニッチの裏付けのないまま企業イメージを単なるスタイリングだけから安易に醸成しようとした結果であると考えなければならない。

要するに，ニッチ・ベースのイノベーション戦略は，高価値製品市場のニッチによって一旦確立された企業イメージの「汎用性」[36)] に基づく大衆化戦略である。

'75年に登場したBMW３シリーズや既述のメルセデス190シリーズに見られるような，第一次石油危機から'80年代にかけて西独の高級乗用車メーカーが展開した製品戦略は，まさにこのようなニッチ・ベースのイノベーション戦略であった。しかし，ドイツ車メーカーのなかでも，VWのような代表的大衆車メーカーの場合には，高級乗用車部門のアウディを擁するとはいえ，基本的に低価格製品大量生産型の利益構造となっているので，むしろ次に述べるような日本型の量産ベースのイノベーション戦略が必要とされるであろう。

参考までに，BMWおよびダイムラー・ベンツとVWとを主要経営指標について比較したものが，表２-２-６である。

表２-２-６　ドイツ自動車メーカーの主要経営指標

| 主要経営指標 | VW（アウディを含む） | D・ベンツ | BMW |
|---|---|---|---|
| 生産台数<br>（乗用車） | 1,862,174<br>(1,774,364) | 826,369<br>(594,080) | 432,285<br>(432,285) |
| 従業員数 | 260,458 | 319,965 | 50,719 |
| 決算期 | '87年12月（百万マルク 連結ベース） | '86年12月（百万マルク 連結ベース） | '86年[注]（百万マルク 連結ベース） |
| 売上高 | 52,794 | 65,498 | 14,994 |
| 税引後純利益 | 580 | 1,767 | 338 |
| 総資本 | 41,712 | 47,011 | 7,744 |
| 総資本利益率 | 1.39% | 3.76% | 4.36% |
| 売上高利益率 | 1.10% | 2.70% | 2.25% |
| 総資本回転率 | 1.27回 | 1.39回 | 1.94回 |

注：1．BMWの決算期は不詳。
　　2．端数は四捨五入。

資料：日産自動車編『自動車産業ハンドブック1988年版』より作成。

## Ⅱ　日本の自動車メーカーの製品戦略

われわれはすでに，ドイツの自動車メーカーの製品戦略について，与えられた紙幅のかなりの部分を費やしているので，日本の場合についてはその概略を示すのみに止めたい。

本章の冒頭で言及したように，'80年代の日本の自動車メーカーは日米貿易摩擦や円高を背景として「大衆車の高級化」に新たな製品戦略の方向を見出した。このことが単に，日本のメーカーが高級車市場への参入を開始したということだけを意味するものなら，ことさら問題にするまでもないであろう。なぜなら，現段階では，日本の高級乗用車に欧米に脅威を与えるほどの国際競争力はないといってよいからである。

むしろ事態は逆であって，近年，日本の乗用車市場は国内ユーザーの高級車志向を背景に空前の輸入車ブームを呈しており，'89年度の輸入車の全登録台数のうちの実に46.6％までが３ナンバー車である。また，日本の高級車市場に占める輸入車の割合は，'89年度に14.6％に達している（表２-２-７，

図2-2-7参照)。

しかし，われわれが「大衆車の高級化」と呼ぶ製品戦略は，大衆車市場からの乖離を意味するものではない。それはむしろユーザー・ニーズの多様化がもたらした大衆車市場の大きな変容に根ざすものである。オートマチック車や四輪駆動車の登録台数の増加，レクリエーショナルビークルやステーションワゴンなどのような乗用車からの派生車種の需要増加は，日本の乗用車需要に顕著に現われていると同時に，世界的な傾向でもある[37]。それゆえ問題は生産車種の高級化にあるのではなくて，大衆車の高価値化にあるのである。

前述のように，高製品価値と低価格を同時に達成したところに「日本の挑戦」の製品戦略上の意義があったとすれば，大衆車の高価値化は，「日本の

表2-2-7　3ナンバー乗用車登録台数

| | 昭和62年 | 63 | 平成元年 |
|---|---|---|---|
| トヨタ | 45,026 ( 3.1) | 57,265 ( 3.5) | 110,630 ( 6.3) |
| 日　産 | 18,530 ( 2.4) | 47,131 ( 5.5) | 86,002 ( 8.6) |
| 輸入車 | 38,282 (39.1) | 52,558 (39.2) | 84,330 (46.6) |
| その他 | 9,702 ( 1.2) | 9,545 ( 1.0) | 16,543 ( 1.0) |
| **合計** | **111,540 ( 3.5)** | **166,499 ( 4.7)** | **297,505 ( 7.4)** |

注：カッコ内は登録台数のうちの3ナンバー車の比率。
　　軽自動車は除く。

出所：トヨタ自動車広報資料。

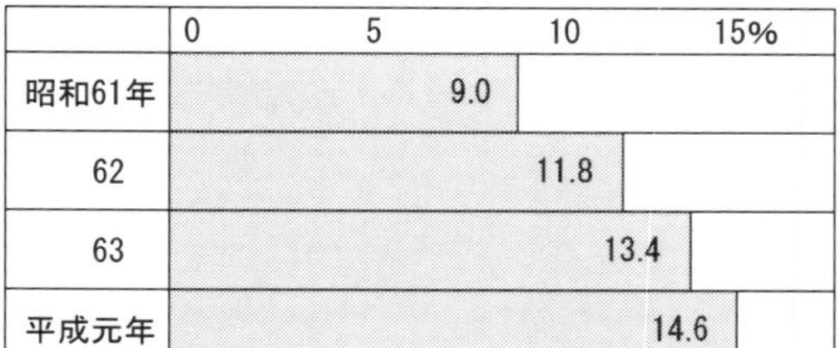


注：ここでいう高級車とは大中型乗用車と上級小型
　　車および輸入車の合計

図2-2-7　日本の高級車市場に占める輸入車の割合
出所：トヨタ自動車広報資料。

挑戦」のより発展的な戦略展開に他ならない（前掲図2-2-4参照）。つまり，ここにドイツの高級車メーカーの製品戦略とは異なる，もう1つ別のイノベーション戦略が成り立つと考えられる。それが，われわれのいわゆる量産ベースのイノベーション戦略である。再び前掲の図2-2-6を使って説明すると，Aから等競争力線$X_3$に向かって記されている破線の矢印がこの型のイノベーション戦略をあらわしている。

量産戦略を製品戦略の基本としてきた自動車メーカーが，イノベーション戦略に転じる場合，実際には2つの方法がある。すなわち，①特別装備の標準装備化と②製品多様化（豊富な品揃え）である。この2つの方法によって，「規模の経済」を大きく損なうことなく，製品の高付加価値化が達成される。

①特別装備の標準装備化

これが具体的に何を意味するかは，次の引用文から明らかである[38)]。

「西ドイツのアウディの強みは，操縦性とスプリング［サスペンション］のよさ，高速のままのカーブの切れのよさなどにある。これらの点では，足まわりに一日の長があって，さすがのホンダもこの点ではヨーロッパの水準を抜いたというには，まだ十分とはいえない。だが，そのアウディの長所をもってしても補いようがないのは，ホンダの方ではどの機種でも思いのままの5段目の変速ギヤが，［アウディの場合には］追加代金なしではつけられないことだ。4速ギヤの仕様の車を5速ギヤにするだけで，約5百マルクが買手の余計な負担となる。……

……この車［ホンダ・プレリュード——筆者補足］は，標準装備の1つとして，電気的にボタン操作で開閉できる「二重天井」のスライディングトップも備えた，高級なボンボンあめなのだ。強化ガラスの天窓にはベニス風の板すだれがついており，必要に応じて日光をさえぎることができるのだ。サンルーフを開いているときには，風の流入を防げる装置が自動的に働き，標準装備のステレオ・サウンドを楽しむ車内の人は，風の音に妨げられることもないのである。運転席前の大きな計器盤では，明りのついたエンジン回転メーターとスピード・メーターが，運転者に錯覚を起こさせないように，走行状態を知らせている。」

引用文で指摘された点は，トヨタカローラをはじめ，日本の代表的量産車種すべてについていえることである。つまり，特別装備を標準装備化することによって量産化し，標準装備のレベルを上げると同時に，「買手に有利な包括価格表示方式」[39] をもとることができたのである。その結果コスト競争力を維持しつつ，大衆車の高価値化が達成されることになった。もちろん，その前提に生産工程の自動化によるコスト低減があったことはいうまでもない（定点溶接の自動化の例など）。

特別装備の標準装備化に関連して，もう１つ重要な点がある。それは乗用車のエレクトロニクス化[40] ということである。クオーツ革命による時計のエレクトロニクス化によって機械加工産業としての性格が一変してしまった時計産業ほどではないにしても，総合産業である自動車産業は，先端技術産業の成果を吸収することによって，「技術革新のシーズの多い産業へ体質変化をとげた」[41] といわれる。機械技術中心の自動車産業においてエレクトロニクス技術の重要性が非常に高まってきたのである。

表２-２-８は，トヨタ「マークⅡ」について，エレクトロニクス部品の付加価値合計額が車の小売価格に占める割合によって乗用車のハイテク化率を示したものであるが，ハイテク化が駆動，伝導，制動，懸架など車のあらゆる構成部分に及んでいることが分かる。

乗用車のエレクトロニクス化によって，性能の向上と標準装備の高水準化がはかられることはもちろんであるが，さらにユーザーにとってはイージードライブやメインテナンスフリーが現実のものとなるのであろう。

しかし，量産ベースのイノベーション戦略にとって，カー・エレクトロニクス化にはもっと重大な意味がある。それは，「ハイテク技術によるコモディティ化」によって高価値製品の大量生産が可能になるということである。この場合，コモディティ化には２つの方向がある。第１は，「ヨーロッパの熟練工の技術をセンサーに翻訳することによって高性能車を大量生産する」[42] という高価値製品の普及品化の方向であり，第２は，自動車部品のエ

表２-２-８　乗用車のハイテク化率
（トヨタ「マークⅡ」2000cc グランデ，ツインカム24）

| ハイテク部品 | | ハイテク部品の付加価値（万円）注） |
|---|---|---|
| 電子制御オートマチックトランスミッション | | 9.9 |
| 電子制御サスペンション | | 30.9 |
| 4輪ベンチレーテッドディスクブレーキ | | |
| 車速感応パワーステアリング | | |
| DOHCエンジン | | |
| ・エンジン総合制御システム | | |
| ・電子吸気制御システム | | |
| 電子制御スキッドコントロール | | 6.7 |
| デジタル・インストルメンツパネル | | 4.5 |
| 高級機能シート | | 33.0 |
| オートエアコン | | |
| コンライト | | |
| キー閉じ込み防止装置付き電磁式オートドアロック | | |
| ハイテク部品合計 | A | 85.0 |
| 車の小売価格 | B | 262.0 |
| ハイテク化率 | A/B（%） | 32.4 |

注：ディーラーのパンフレットから装備の違う車の価格を引き算して推定。例えば，電子制御サスペンションが付いている車の価格から，普通のサスペンションが付いている車の価格を引いたもの。
出所：大島卓編『現代日本の自動車部品工業』，日本経済評論社，1987年，60ページ。

レクトロニクス化によって自動車の機械加工部分が減少するとともに，電子部品そのものの素材化が産業用ロボットによるモジュール組立に適した自動車設計を可能にすることで，製造原価に占める組立工程部分の割合が減少するために，高性能車が比較的低コストで生産できるようになることである[43]。

②製品多様化

製品多様化がイノベーション戦略の前提であることは，先のアルバッハの論文にも指摘されていた。既述のように，製品価値とは買手が受けとる効用の束である。その効用の束としての製品を安価に入手しうれば，買手の満足度はさらに大きくなるであろう。このことから分かるように，アルバッハのいわゆるイノベーション戦略とは，まず第1に顧客本位の戦略（Strategie der Kundennähe）である[44]。顧客本位の戦略は，結局のところ消費の個別性を重視するという点，すなわち豊富な品揃え（Sortiment）に帰着するであろう。これは，「二重天井」のスライディングトップをギミックにすぎないと極め付け，自社の「車づくりの哲学」に基づく方針から外れることは，たとえ顧客の要望であっても容易に取り入れないドイツの自動車メーカーにはなじめない発想であろう[45]。

上述のメルセデス190開発の革新的意義は，ドイツの高級車メーカーが従来の方針を大きく転換して高級車と大衆車との間の中間車種を製品系列に加えることによって，顧客本位の観点から製品多様化をはかった点にあったのである。ユーザーの選択範囲を広げるということは，ニッチ・ベース，量産ベースを問わず，イノベーション戦略に必要不可欠の条件である。日独両国の自動車メーカーが派生車種の開発に力を入れているのも，けだし当然といわなければならない。

しかし，ニッチ・ベースのイノベーション戦略に較べて，量産ベースのそれがユーザー・ニーズの多様化・高級志向に伴う「大衆車市場の変容」に直接根ざすものであるだけに，また量産ベースの戦略をとる自動車メーカーの企業イメージが多くの場合曖昧であるだけに，後者にとって製品多様化が競争力向上に対してもつ意義は決定的である。

もちろん，製品多様化によって，量産メーカーは多品種少量短サイクル生産という矛盾を抱えることになる。これに対してメーカーは，よくいわれるように，CAD/CAM（コンピュータを応用した設計・製造技術）による短サイクルのモデルチェンジへの迅速かつコスト節約的な対応，汎用性があって設備コストの安いラインの開発，国際提携・国際分業体制の構築などによって柔軟な生産体制をつくることで，生産品種が増加しても生産コストの上昇を押えて，全体としての生産量を確保することができるが，基本的には1品種の生産量をある程度維持しながら製品多様化をはかるのが理想的であろう。標準装備の高水準化と製品多様化が相乗的に作用すれば，この理想の実現も不可能ではないと思われる。

量産ベースのイノベーション戦略の基本は，大衆車市場から乖離しないところにあるけれども，大衆車市場の変容は，大衆車自体の定義を変えつつある。大衆車には車両分類の明確な基準がないが[46]，これは自動車メーカーが営業政策上の理由から自社で採用している大衆車の基準を社外に公表しないためでもある。つまり，大衆車をいかに定義するかが，すでに戦略的意味をもっているのである。

大衆車の原形は，'55年に発表された通産省の国民車育成要綱の国民車基準にあるといわれるが，それによると最高速度100km/h 以上，燃費60km/h で30km/ℓ 以上，生産価格15万円以下（月産２千台の場合），排気量350～500cc，車両重量400kg 以下となっていた[47]。この国民車構想を受けて'50年代にスバル360（'58年）やトヨタパブリカ UP10型（'61年）などが開発され，'66年のトヨタカローラおよび日産サニーの登場によって日本の大衆車が完成したのである。以後，日本の大衆車市場はこの２つのモデルを中心に形成されたと考えてよい。競合他社はみなサニーとカローラの車格を目安に対抗車種を決定しており，それらが各社の大衆車として位置づけられている。一般には排気量を基準に1.8ℓ～2.0ℓ クラスを小型車，1.0ℓ～1.6ℓ クラスを大衆車と呼ぶが[48]，それも大雑把な基準にすぎず，トヨタの場合，大きさ，排気量，価格帯（160万円～170万円）を総合的に考慮して大衆車の基準としているようである。

しかし，近年の高級車ブームの過程で，1.8ℓ クラスのサニーやパルサーが発売されたり，逆に Be-１のようなタイプの車が大衆車として位置づけられるようになると，大衆車の基準がますます曖昧にならざるをえない。事実，「大衆車の高級化」の傾向は，大衆車の基準がすでに意味をなさなくなったことを暗示しているのであって，ことに最近では'89年４月の物品税廃止と自動車税引き下げ，さらに'90年７月の任意保険料改定により，2.5ℓ クラスの３ナンバー車のなかには諸税・保険料込み値引きなしでも360万円程度で購入可能な車が現われ[49]，「３ナンバー車＝高額車のイメージが弱まり」，ユーザーの上級車への乗り換えが相当進むと見られている[50]。

ところで，メーカー各社がそれぞれ自社の大衆車として位置づけている生産車種は，いうまでもなくそのメーカーの主力製品であり，いわゆる量販車（volume cars）である。したがって量販車種すべてが大衆車とはいえないにしても，上述のように大衆車の基準自体が曖昧になってくると，実際には販売台数を基準とする大衆車の定義の戦略的な見直しが絶えず必要となるであろう。大衆車市場の変容に対応して標準装備の高水準化と製品多様化を進める過程で，大衆車市場（マス・マーケット）から乖離することになれば，日本の自動車メーカーの量産ベースのイノベーション戦略は，自ら作り出した競技ルールを放棄して，その拠って立つ基盤を失うことになりかねないのである。

今後，国際的にも国内的にも2.0ℓ～2.5ℓクラスの乗用車の市場は，日独自動車メーカーの製品戦略がダイナミックな競争を展開する，格好の舞台となることが期待される。

［注］

1）*Wirtschaftwoche*, Nr. 36, 2. 9. 1988, S.136-138.

2）柴田紘一郎・大道康則・居城克治『シリーズ世界の企業・自動車』日本経済新聞社，1986年，4－5ページ。

3）ソフト化経済センター（編）『ソフト化白書'90』ダイヤモンド社，1990年，24-25ページおよび171ページ参照。

4）中古車の年式の区分は，高年式，中年式，低年式に分かれており，低年式は前5年式以前のものをいう。トヨタ自動車『自動車産業の概況1990』，21ページ参照。

5）ソフト化経済センター（編），前掲書，171ページ参照。

6）ここでは，さしあたって「高級車の大量生産化」という意味で使われている。詳細は後述。

7）BMW社の「ノイエ・クラッセ」のニッチ戦略については，パウル・シムサ（著）木村好宏・米山義男（監訳）『BMW・栄光の軌跡』ダイヤモンド社，1984年，120ページ以下および Mönnich, H.: *Der Turm, BMW eine Jahrhundertgeschichte*, Band 2 1945-1972, Düsseldorf und Wien 1986, S.173 ff. および S.189 ff. 参照。BMWのニッチ戦略は，パウル・G・ハーネマン（当時販売担当重役）によって'60年代に確立された。

8）日産自動車（編）『自動車産業ハンドブック 1988年版』紀伊国屋書店，1988年参照。

9）この点については，表２-２-６を参照のこと。
10）Verband der Automobilindustrie e.V.（VDA）: VDA Pressedienst Nr.2, 1990.
11）これは，必ずしも生産車種の高級化を意味するものではない。大衆車の定義については，本章の第Ⅱ節を参照。
12）コモディティ化の意味については，本章の第Ⅱ節を参照。
13）W・マイヤー＝ラルゼン（編）馬淵良俊（訳）『ヨーロッパは日本車に轢かれてしまう・日本自動車産業を徹底探究せよ』日本工業新聞社，1981年。原書は，Meyer-Larsen, W.（Hg.）: *Auto-Großmacht Japan*, Hamburg 1980.
14）Albach, H.: *Das Automobil zwischen High-Tech und Commodity*, Frankfurt 1986.
15）Albach, H.: *a.a.O.* 調査年度は不詳。
16）出水宏一『現代ヨーロッパ産業論――危機と対応――』東洋経済新報社，1986年，55ページ以下参照。
17）出水宏一，前掲書，57-58ページ。
18）下川浩一『自動車産業脱成熟時代』有斐閣，1985年，237ページ。
19）ファースト・ムーバー（first mover）の概念については，チャンドラーの次の文献を参照。Chandler, A.D., *Scale and Scope: Dynamics of Industrial Capitalism*, Harvard University Press, 1990.
20）Albach, H.: *a.a.O.*
21）西田通弘『語りつぐ経営――ホンダとともに30年――』講談社，1986年を参照。
22）下川，前掲書，235ページ。
23）竹内敏雄『自動車販売』日本経済新聞社，1986年，148ページ。
24）ジョン・M・クラーク（著）岸本誠二郎（監修）『有効競争の理論』日本生産性本部，1970年，222ページ。
25）本章の第Ⅱ節を参照。
26）柴田・大道・居城，前掲書，182ページ。
27）日産自動車（編），前掲書，420ページ以下参照。
28）柴田・大道・居城，前掲書，70ページ。
29）西田，前掲書，113ページ。
30）日産自動車（編），前掲書，162ページ。
31）伊丹敬之・加護野忠男・小林孝雄・榊原清則・伊藤元重『競争と革新―自動車産業の企業成長―』東洋経済新報社，1988年，115-116ページ。
32）伊丹・加護野・小林・榊原・伊藤，前掲書，111ページ。
33）中日新聞，1990年９月７日。
西独の乗用車市場でも，日本車をそのブランドで選択するユーザーはきわめて少数であって，大多数のユーザーは価格対性能を唯一の基準として，日本車とオペルあるいはフォードなどの車のなかから無差別に選択するようである。ドイツ自動車工業会のヘルムート・ヴァイリッヒ氏（Helmut Weirich）の個人的意見によると，日本車メーカーのなかで意識して選択するブランドがあるとすれば，それはホンダだということであった（ヴァイリッヒ氏とのインタビュー，1990年３月14日）。
34）伊丹他，前掲書，113ページ。

35）中日新聞，1990年９月７日。

36）BMW の企業イメージは，'60年代に BMW の販売責任者であったパウル・ハーネマン（Paul Hahnemann）のニッチ戦略によって確立された。あの有名なエンブレムとキドニー（ニーレン）グリルは，それだけで人にある明確なイメージを喚起させる。西独のある企業の宣伝コピーには，「BMW のようなボールペン」，「ポルシェや BMW のように機能的な使用感のデスクを知っていますか」というのがあったそうである（パウル・シムサ，前掲書，128ページ）。これが，企業イメージの「汎用性」の１例である。

37）VDA, *a.a.O.*, S.6.

38）マイヤー＝ラルゼン（編），前掲書，222-223ページ。
Vgl. Meyer-Larsen, W.（Hg.）, *a.a.O.*, S.161.

39）マイヤー＝ラルゼン（編），前掲書，194ページ。
Vgl. Meyer-Larsen, W., *a.a.O.*, S.143.

40）乗用車のエレクトロニクス化について，詳しくは大島卓（編）『現代日本の自動車部品工業』日本経済評論社，1987年，51ページ以下参照。

41）大島（編），前掲書，55ページ。

42）大島（編），前掲書，67ページ。

43）Mitusch, K.: *Die Automobilindustrie in den trilateralen Wirtschaftsbeziehung zwischen den USA, der EG und Japan*, Berlin 1985, S.12.

44）Albach, H., *a.a.O.*

45）E・フィアラ「VW 社の車造り哲学」『自動車ジャーナル』1981年11月号。稲垣慶成「フォルクスワーゲン社における経営戦略の転換過程（Ⅰ）」『桃山学院大学経済経営論集』第28巻第４号も参照。

46）日産自動車調査部の回答による。

47）日産自動車（編），前掲書，396ページ。

48）大島（編），前掲書，86ページ。

49）トヨタクラウン2,500cc ロイヤルサルーンについて試算。中日新聞，1990年９月14日。

50）中日新聞，1990年９月14日。

# 補遺　喜一郎とノルトホフ

豊田喜一郎が，わが国の自動車産業発展の基礎を築いた一人であったと言っても異論はないであろう。では，ドイツ自動車産業の歴史のなかで，喜一郎に匹敵する役割を果たした経営者を挙げるとすれば誰であろうか。私は，ハインリヒ・ノルトホフだと思うのである。

意外に思われるかもしれないが，ドイツは現在のガソリン自動車の原型を生み出した国でありながら，そこで自動車大衆化が本格的に始まったのは第二次大戦後のことである。この点，日本の場合と時期的に大差はない。そして，ドイツの自動車大衆化の推進力となったクルマはVW社の有名なビートルであったが，戦後同社の総裁となったノルトホフは，ナチ時代に生まれたこのクルマを，ドイツ国民にとっての真の国民車に育て上げた功労者である。

喜一郎とノルトホフは，ほぼ同時代に生きた。前者は1894年に生まれ，1952年に没し，後者は1899年に生まれ，1968年に没した。豊田自動織機製作所が自動車事業進出を正式決定したのは1934年のことであり，ノルトホフが当時すでにGM傘下にあったオペル社に入社したのは1930年のことであった。両者の自動車人生もほぼ重なっている。さらに両者にとって重要な共通点は，アメリカ自動車産業という経営モデルがすでに与えられており，このアメリカ型経営モデルを，それぞれ自国の自動車産業の発展にどう活かしていくかが最大の課題であったことである。戦前の日本とドイツの自動車産業は，程度の差こそあれ，軍需に支えられていた。戦後は，この「温室育ち」の産業を独り立ちさせなくてはならなかった。

産業の独り立ちのための前提条件は民間市場の開拓である。市場開拓のためには，販売製品そのものの魅力に加えて，価格が安くなければならない。この点，喜一郎がどう考えていたかについては他の文献に譲ることとし，ここではノルトホフの市場開拓の戦略のみを取り上げよう。彼の出した答えは，ビートル一車種の大量生産と国外市場の開拓であった。彼はすでに戦前から，ドイツ一国ではアメリカのような規模の自動車産業を実現することは難しいと考えていた。生産車種を限定して大量生産すれば，コストダウンによって自動車大衆化が進むことは間違いないとしても，競合他社とともにドイツ国内市場だけを対象に生産していたのでは，巨大な自動車市場を抱えているアメリカ自動車産業と互角に競争することはできない。したがって，彼にとって一車種大量生産と国外市場の開拓とは不可分の戦略であった。戦後いち早くビートルがアメリカに小型車ブームを巻き起こしたことを記憶している方もあるだろう。まだアメリカ市場に日本車の影も形もなかった頃である。1955年以降，ビートルの国外向け出荷台数はつねに国内向けを上回った。だが，この輸出の好調ということが極端なビートル依存の利益構造をもたらし，VW 社の経営危機の伏線となった。T型フォードの失敗を繰り返す結果となったのである。

しかし，ノルトホフが今日のドイツ自動車産業の繁栄の基盤を据えた経営者であることを否定する者はいないであろう。彼は経営者としての絶頂期にこう語っている。「われわれの時代の，産業におけるすべての偉大な成功は，つまるところは販売における成功である」と。

## 主要参考文献


Albach, H.: Das Automobil zwischen High-Tech und Commodity, Frankfurt 1986.

Edelmann, H.: Vom Luxusgut zum Gebrauchsgegenstand. Die Geschichte der Verbreitung von Personenkraftwagen in Deutschland, Frankfurt 1989.

Dies.: Heinrich Nordhoff, Ein deutscher Manager in der Automobilindustrie, in: Erker, P., Pierenkemper,T.(Hrsg.), Deutsche Unternehmer zwischen Kriegswirtschaft und Wiederaufbau, München 1999, S.19–52.

Dies.: Heinz Nordhoff und Volkswagen. Ein deutscher Unternehmer im amerikanischen Jahrhundert, Göttingen 2003.

Hanf, R.: Im Spannungsfeld zwischen Technik und Markt. Zielkonflikte bei der Daimler-Motoren-Gesellschaft im ersten Dezennium ihres Bestehens, Wiesbaden 1980.

Horras, G.: Die Entwicklung des deutschen Automobilmarktes bis 1914, München 1982.

Kruk, M., Lingnau, G.: Daimler-Benz. Das Unternehmen, Mainz 1986.

Laux, J.M.: In First Gear. The French Automobile Industry to 1914, Liverpool 1976.

Meffert, H., u.a.: Marketing-Entscheidungen bei der Einführung der VW-Golf, Münster 1977.

Mintzberg, H.: A Study of Strategy Making at Volkswagenwerk AG, Working Paper, Mcgill University 1977.

Mönnich, H.: BMW. Eine deutsche Geschichte, Wien/Darmstadt 1989.

Nordhoff, H.: Reden und Aufsätze. Zeugnisse einer Äera, Düsseldorf 1992.

Sass, F.: Geschichte des deutschen Verbrennungsmotorenbaues von 1860 bis 1918, Berlin 1962.

Sloniger, J.: Die VW-Story, Stuttgart 1981.

Thimm, A.L.: Decision-Making at Volkswagen 1972–1975, in: Columbia Journal of World Business, Vol.11, No.1 1976, pp.94–103.

日本自動車工業会編『日本自動車産業史』日本自動車工業会，1988年。

## あとがき

本書は，「日独自動車工業の歴史的発展」について，個別企業経営史の観点から著者が長年にわたって大学の紀要や共著等に発表してきた諸論文を，一冊の本にまとめたものである。費やした時間の長さに比べて，その成果のあまりの少なさに忸怩たる思いを禁じ得ないが，大学での教職を退くにあたって，研究生活の一応の締め括りをしておきたいと考え，この拙著を敢えて公刊することとした。各論文の初出誌等は下記の通りである。

文字通り拙い書物ではあるが，本書が成るにあたっては，故市原季一先生，故海道進先生はじめ，神戸大学大学院時代以来の諸先輩の方々，著者が勤務した札幌大学，桃山学院大学，岐阜経済大学（現岐阜協立大学）の諸先生方の大きな学恩を蒙っていることはいうまでもない。お一人お一人の御名前を挙げることは控えるが，ここに深甚の謝意を表する。

また，本書の出版を快くお引き受け頂いた，ふくろう出版の亀山裕幸氏にお礼を申しあげる。

最後に私事になって恐縮だが，拙著を亡き父母と，妻スヴェトラーナに捧げたい。

本書所収論文初出誌

1．「初期自動車企業の製品政策（その１）――創業期のダイムラー社をめぐって――」（本書の表題は「生成期のドイツ自動車市場」第１部第１章）『岐阜経済大学論集』第29巻第３号，1995年。

2．「フォルクスワーゲン社における経営戦略の転換過程（Ⅰ）」（本書の表題は「フォルクスワーゲン社の戦略転換」第１部第２章）『桃山学院大学経済経営論集』第28巻第４号，1987年。

3．「フォルクスワーゲン社における経営戦略の転換過程（Ⅱ）」（本書の表題は「フォルクスワーゲン社の戦略転換」第１部第２章）『桃山学院大学経済経営論集』第29巻第１号，1987年。

4．「ハインリヒ・ノルトホフ論」（本書第１部第３章）『岐阜経済大学論集』第45巻１・２号，2011年。

5．Die Entwicklungsgeschichte der Nutzfahrzeug-Produktion in Japan.（本書第２部第１章）『岐阜経済大学論集』第31巻第１号，1997年。

6．「日独自動車メーカーの製品戦略」（本書第２部第２章）『戦後日本の企業経営』第12章，文眞堂，1990年。

7．「喜一郎とノルトホフ」（本書補遺）『中部経済新聞』2015年９月10日。

[著者略歴]

稲垣　慶成（いながき　よしなり）

1953年，愛知県生まれ。

1981年，神戸大学大学院経営学研究科博士課程単位取得。

札幌大学経営学部専任講師，桃山学院大学経営学部助教授を経て，

現在，岐阜協立大学経営学部教授。



**岐阜協立大学研究叢書1**
**日独自動車工業経営史**

2020 年 10 月 30 日　初版発行

著　　者　　稲垣　慶成

発　　行　　ふくろう出版
〒700-0035　岡山市北区高柳西町 1-23
友野印刷ビル
TEL：086-255-2181
FAX：086-255-6324
http://www.296.jp
e-mail：info@296.jp
振替　01310-8-95147

印刷・製本　　友野印刷株式会社

ISBN978-4-86186-797-2 C3034